F. Foerster

# Computerprogramme zur Biosignalanalyse

Springer-Verlag
Berlin Heidelberg New York Tokyo 1984

Friedrich Foerster

Dipl.-Math., Forschungsgruppe Psychophysiologie
Psychologisches Institut der Universität Freiburg,
Schillhof 5, 7800 Freiburg

CIP-Kurztitelaufnahme der Deutschen Bibliothek
Foerster, Friedrich: Computerprogramme zur Biosignalanalyse / F. Foerster. –
Berlin; Heidelberg; New York; Tokyo: Springer, 1984.
ISBN-13: 978-3-540-13795-5    e-ISBN-13: 978-3-642-70037-8
DOI: 10.1007/978-3-642-70037-8



Satz- und Druckarbeiten: Betz-Druck GmbH, Darmstadt; Bindearbeiten: J. Schäffer
OHG, Grünstadt
2145/3140-543210

# Vorwort

Die Forschungsgruppe Psychophysiologie, Freiburg, beschäftigte sich in der Dekade 1970 bis 1980 vorzugsweise mit psychophysiologischen Aktivierungsexperimenten im Labor. Die hierbei notwendigen Mehrkanalregistrierungen von einer Vielzahl von Biosignalen, vergleichsweise großen Probanden-Stichproben und zum Teil langen Datenerhebungen erforderten eine computermäßige Parametrisierung der Signale, die möglichst schnell, sicher und genau sein sollte. Durch viele Anfragen nach Computer-Programmen ermutigt, soll hier versucht werden, die gesammelten Erfahrungen und Programme zu dokumentieren. Dabei soll bewußt auf Generalisierungen der Programme bezüglich Rahmenprogramme, Abtastraten, Auswerte-Intervalle und ähnliches verzichtet werden, um eine möglichst einfache und durchschaubare Darstellung der Subroutinen zu ermöglichen. Da nur Programme in der bis heute als meist verbreitet anzusehenden Programmiersprache FORTRAN in einer sehr einfachen Version aufgenommen wurden, dürfte es allgemein leicht fallen, mit diesen Bausteinen zu arbeiten, sie zu verändern und in für den jeweiligen Rechner adäquater Weise in Rahmenprogramme zu integrieren. In einem ersten Kapitel werden Rahmenbedingungen mitgeteilt, die sich mit der speziellen Struktur des verwendeten Rechners und mit allgemein angewandten Verfahren und Unterprogrammen befassen. Danach sollen kapitelweise die einzelnen Biosignale, die in unserer Forschungsgruppe Verwendung finden, mit ihren Algorithmen und Parametern dargestellt werden.

Freiburg, 1984                                    Friedrich Foerster

# Inhaltsverzeichnis

# Einleitung

Die vorliegende Programmsammlung versucht, dem Anwender die Programmierung von Biosignale-Analyse-Paketen zu erleichtern. Trotz einiger Einschränkungen für das zu erstellende Rahmenprogramm und bezüglich des Anwendungsgebiets sind die Unterprogramme doch weitgehend allgemeingültig gehalten (keine COMMON-Variable, Druck-Stanz-Routinen oder Plotterdarstellungen, extern eingebbare Schwellen-Werte) und in einer sehr einfachen FORTRAN-Version geschrieben, die mit der Mehrzahl der heute verfügbaren Rechner kompatibel sein dürfte. Kapazität und Geschwindigkeit der Rechner sind für vergleichsweise kleine Anlagen ausgelegt.

Die Sammlung erhebt keinen Anspruch auf Vollständigkeit oder globale Anwendungsmöglichkeit, ist andererseits aber umfangreich genug, um die gängigsten Analysen von Biosignalen zumindest in der psychophysiologischen Aktivierungsforschung nebst verwandten Gebieten zu ermöglichen. Darüberhinaus sollen dem Anwender Beispiele geliefert werden, die ihm eigene Programmentwicklungen erleichtern.

Da ein Benutzer die Sammlung signalweise verwenden wird, wurden nur wenige Literaturhinweise aufgenommen und auf einen Index verzichtet. Die Programmsammlung versteht sich nicht als Lehrbuch der Biosignalanalyse, vielmehr wird von einem hohen Informationsstand des Benutzers auf diesem Gebiet ausgegangen.

Eine umfangreiche Ergebnisdarstellung der in unserer Gruppe durch die Programmsammlung gebildeten Kennwerte der einzelnen Signale findet sich in Fahrenberg et al. (1979).

Alle hier vorliegenden Programme sind auf einem Laborrechner **IBM 1130** mit 16K Worten (Wortlänge 16 bit) Kernspeicher, Magnetplatte als Zwischenspeicher, Digitalband als Massenspeicher für die Signale, Kartenleser zur Programmsteuerung, Drukker, sowie Plotter und X-Y-Schreiber (Display) zur Signaldarstellung und -überwachung und Diskettenlaufwerk zur Abspeicherung der Kennwerte implementiert. Es handelt sich also um einen vergleichsweise kleinen Rechner mit ausreichender Peripherie, der einer Reihe von Einschränkungen unterliegt, und daher zu sehr einfachen Verfahren zwingt. Zeitaufwendige Verfahren wie Spektralanalysen, Homomorphe Kanonische Filter und ähnliches konnten nur begrenzt eingesetzt werden.

Die **Rahmenprogramme** zur Datenaufnahme, Versuchs-Steuerung und zur Bereitstellung der Daten für die Biosignal-Analyse sind in großen Teilen in Assembler geschrieben und sollen hier nicht vorgestellt werden. Die Parametrisierung der Signale erfolgt durchweg off-line, einerseits aus Gründen der Rechnergeschwindigkeit, andererseits bietet eine off-line-Verarbeitung Vorteile durch Wiederholbarkeit einzelner Auswerte-Abschnitte.

Die **Digitalisierungsrate** ist für alle Signale fest und wurde daher den schnellsten Signalen angepaßt. Sehr langsame Signale werden zum Teil in Multiplex-Kanälen zusammengefaßt. Die Basis-Abtastrate liegt für alle Kanäle bei 250 Hz (entspricht 4 msec). Diese Abtastrate ist bei allen Unterprogrammen zugrunde gelegt, wird jedoch für langsame Signale softwaremäßig reduziert.

Die **Datenaufnahme** erfolgte grundsätzlich in Blöcken von jeweils zwei Sekunden Länge, so daß nicht ohne Einschränkung zu einem beliebigen Datum zugegriffen werden kann. Die Analyse geschieht daher normalerweise ebenfalls blockweise. Die Programme enthalten hierzu die zu verarbeitende Blockzahl, die Steuerung an den jeweiligen Anfangsblock erfolgt im Rahmenprogramm.

Da die **Länge** der Auswerte-Abschnitte von Studie zu Studie variiert, wird in möglichst kleinen Abschnitten ausgewertet, die jedoch lang genug sein müssen, daß alle gewünschten Parameter schätzbar sind. Längere Abschnitte lassen sich durch Mittelung nachträglich errechnen. In einigen wenigen Fällen müssen die Unterprogramme überlappt arbeiten, d. h. daß Teile des vorangegangenen Abschnitts verfügbar gehalten werden (z. B. elektrodermale Aktivität). Als geeigneter kleinster Auswerte-Abschnitt, der ein Vielfaches der Blocklänge (zwei Sekunden) sein sollte, stellte sich in unseren Arbeiten das Zehn-Sekunden-Intervall heraus, in dem auch die Atemfrequenz gerade noch berechenbar ist.

Die **Eichung** all der Signale, bei denen Amplitudenmaße (und nicht nur Frequenzen oder relative Amplituden) geschätzt werden sollen, erfolgt mithilfe einer vor der Datenaufnahme mitgeschriebenen Eichzacke, die vom Rahmenprogramm vermessen und den Unterprogrammen mitgeteilt wird. Die Bedeutung des Eichsignals (Umrechnung von Millivolt in echte Einheiten, z. B. mikroSiemens) kann über Karten eingegeben werden. Die Eichwerte der Unterprogramme sind dann einfache Faktoren für das Echtsignal. In der Regel werden erst die berechneten Parameter mit diesen Eichfaktoren belegt.

Eine sehr wichtige Rolle bei der Biosignal-Analyse spielen **Schwellenwerte** zur Formerkennung und Artefaktbehandlung. Hierbei können grundsätzlich drei verschiedene Schwellenarten unterschieden werden:

1. Schwellen, die für alle Probanden fest sind, also technische Schwellen wie digitalisierungs-bedingte Begrenzungen oder absolute Parameter-Schwellen (wie z. B. Herzfrequenz im Bereich 25 bis 250 Schläge pro Minute).
2. Individuelle Schwellen, die jedoch im Verlauf des Experiments weitgehend fest bleiben.
3. Individuell-situative Schwellen.

Schwellenwerte der Kategorie 2 und 3 lassen sich extern vorgeben, was jedoch einen z. T. erheblichen Aufwand an Vorarbeiten erfordert. Aus diesem Grund wird in vielen Programmen eine automatische Anpassung von Schwellen an die individuellen Schwellen vorgenommen. Diesem Verfahren liegt die Idee zugrunde, daß in Laborexperimenten häufig mit einer Ruhesituation begonnen wird, in der die Signale weitgehend artefaktfrei vorliegen. Man beginnt also mit vergleichsweise groben Schwellen, die für alle Probanden angenommen werden, und paßt sie gleitend an die individuellen Schwellen an, wobei die bis dahin gültigen Meßwerte als aktuelle individuelle Schwelle betrachtet wird. Bei Schwellen der Kategorie 3 muß dann entsprechend zu Beginn eines jeden neuen Experiment-Abschnitts neu begonnen werden, u. U. mit modifizierten oder extern eingelesenen Grob-Schwellen. Für die Geschwindigkeit der Anpassung hat sich in vielen Untersuchungen eine „Zeitkonstante" von 15 gültigen Meßwer-

2

ten durchgesetzt, sodaß der folgende Algorithmus anzuwenden ist:

neue Schwelle = (alte Schwelle * 14 + aktueller Meßwert) / 15

Der Algorithmus muß unbedingt in Real-Zahlen durchgeführt werden, da bei Integer-Rechnung nur Meßwerte mit mehr als 15 Einheiten Unterschied zur alten Schwelle eine Veränderung bewirken können.

**Artefakt-Kontrollen** gewinnen bei jeder automatischen Auswertung immer mehr an Bedeutung und sollten daher so gut wie möglich erleichtert werden. Hierzu eignen sich neben Registrierstreifen des Polygraphen und geeigneten Warnungen im Computer-Ausdruck insbesondere Darstellungen auf Plotter oder Display (X-Y-Schreiber). Da der uns zur Verfügung stehende Plotter jedoch ein sehr altes Modell ist mit großteils eigens geschriebener Software, können die Programmteile zur Darstellung in dieser Arbeit nur angedeutet werden. Es hat sich überdies gezeigt, daß die Darstellung der Parameter auf der Zehn-Sekunden-Auswerte-Ebene nach Durchführung der Biosignal-Analyse bereits eine große Hilfe bei Artefakt-Kontrollen ist. Solche Programme werden von vielen Computer-Herstellern als Software-Pakete angeboten. Das Display wird in unserer Gruppe außerdem zur Überwachung der Analyse und für interaktive Programmteile benutzt. Die Software zur Bedienung dieses Geräts muß dann vom Benutzer in die Programme integriert werden.

Im folgenden werden allgemein gültige Unterprogramme aufgelistet und, soweit sie in FORTRAN geschrieben sind, die Quellen-Programme angegeben. Es handelt sich hier um kleine Unterprogramme zur Bestimmung von Extremwerten, Darstellung von Feldern usw., die in mehreren Kapiteln verwendet werden. Auch System-Unterprogramme, die bei neueren FORTRAN-Versionen abweichen, sind hierbei aufgenommen.

**System-Unterprogramme:**

IFIX Integer-Konvertierung (=INT)

IFXRF Integer-Konvertierung mit Rundung (=NINT)

DATSW(KS,IGO) Anwahl eines Konsolschalters: IGO = 1, wenn Schalter KS an ist, IGO = 2 sonst.

IVAL(I,NBUF,N) setzt das Feld NBUF der Länge N auf den Wert I.

FVAL(X,ABUF,N) setzt das Feld ABUF der Länge N auf den Wert X.

ICOPY(IX,IY,N) kopiert das Feld IX der Länge N nach IY.

FCOPY(X,Y,N) kopiert das Feld X der Länge N nach Y.

**Unterprogramme des Rahmen-Programms (Assembler):**

RPCHA(KAN) wählt einen Datenkanal (Signal) aus; alle im folgenden mit RPDTS gelesenen Daten sind diesem Kanal entnommen.

RPDTS(NBUF,N) liest N Daten in das Feld NBUF.

**Spezielle Assembler-Unterprogramme:**

INVRT(NBUF,N) vertauscht das Vorzeichen im Feld NBUF der Länge N.

ISUMS(NBUF,N,K) bildet die Summe NBUF(1) + NBUF(1+K) + NBUF(1+2*K) + NBUF(1+3*K) . . .+NBUF(N).

MDWR(I,K,Q) bildet das Produkt I*K als Doppelinteger-Wort und konvertiert es in Q; dieses Programm wird verwendet, da der vorhandene Rechner keine Floating-Point-Unit besitzt und daher die Produktbildung mit diesem Programm erheblich schneller ist.

DIP11(I,K,N,NBUF) stellt das Feld NBUF der Länge N auf dem X-Y-Schreiber (Display) dar; I und K sind Steuerparameter für die Höhe und Breite der Darstellung.

ERASE löscht den X-Y-Schreiber (Display).

MISD(I), MISDF(X) sind Programme zur Erkennung von Missing-Data-Schlüsseln; sie haben den Wert 0, wenn I bzw. X Missing-Data sind und 1 sonst.

AMISD(I) erhält den Missing-Data-Schlüssel für Real-Zahlen, wenn I = 0 ist, sonst 0.0.

FFT8(X,Y) Fast-Fourier-Transformation für $2^{**}8=256$ Datenpunkte. Dieses Programm kann durch in großer Zahl publizierte FORTRAN-Programme ersetzt werden (z. B. FRXFM, B. Langdon und G. Sande, 1965).

**Spezielle FORTRAN-Unterprogramme:**

```
MAXN(IX,N) bildet das Maximum des Feldes IX der Laenge N.
======================================================
      FUNCTION MAXN(IX,N)
      DIMENSION IX(1)
      MAX=IX(1)
      DO 10  I=1,N
   10 MAX=MAX0(MAX,IX(I))
      MAXN=MAX
      RETURN
      END
======================================================

MINN(IX,N) bildet das Minimum des Feldes IX der Laenge N.
======================================================
      FUNCTION MINN(IX,N)
      DIMENSION IX(1)
      MIN=IX(1)
      DO 10  I=1,N
   10 MIN=MIN0(MAX,IX(I))
      MINN=MIN
      RETURN
      END
```

```
=====================================================

   MAXFE(IX,N) bildet das absolute Maximum  des  Feldes  IX  der
   Laenge N.
=====================================================
      FUNCTION MAXFE(IX,N)
      DIMENSION IX(1)
      MAX=0
      DO 10  I=1,N
   10 MAX=MAX0(MAX,IABS(IX(I)))
      MAXFE=MAX
      RETURN
      END
=====================================================

   MAX99(IX,N,M,I) bildet das Maximum des Feldes IX  der  Laenge
   N und speichert es mit seinem Ort in M und I.
=====================================================
      SUBROUTINE MAX99(IX,N,M,I)
      DIMENSION IX(1)
      M=IX(1)
      I=1
      K=1
      DO 10  J=2,N
      IF(M-IX(J)) 5,15,10
    5 M=IX(J)
      I=J
      K=J
      GOTO 10
   15 K=J
   10 CONTINUE
      I=(I+K)/2
      RETURN
      END
=====================================================

   MIN99(IX,N,M,I) bildet das Minimum des Feldes IX  der  Laenge
   N und speichert es mit seinem Ort in M und I.
=====================================================
      SUBROUTINE MIN99(IX,N,M,I)
      DIMENSION IX(1)
      M=IX(1)
      I=1
      K=1
      DO 10  J=2,N
      IF(M-IX(J)) 10,15,5
    5 M=IX(J)
      I=J
      K=J
      GOTO 10
   15 K=J
   10 CONTINUE
      I=(I+K)/2
      RETURN

      END
=====================================================
```

LIBAS(IX,N,IU,IO) bildet eine Base-Line als Mittelwert all derjenigen Werte des Feldes IX der Länge N, die zwischen den Grenzen IU und IO liegen.

```
==================================================
      FUNCTION LIBAS(IX,N,IU,IO)
      DIMENSION IX(1)
      IBAS=0
      JBAS=0
      DO 5  I=1,N
      IF(IX(I)-IU) 5,6,6
    6 IF(IX(I)-IO) 7,7,5
    7 IBAS=IBAS+IX(I)
      JBAS=JBAS+1
    5 CONTINUE
      LIBAS=IBAS/JBAS
      RETURN
      END
```

Mit diesen Informationen sollte es dem Benutzer möglich sein, die im folgenden beschriebenen Unterprogramme zu verstehen und anzuwenden. Programm-Fehler sind bei umfangreichen Programm-Paketen natürlich nicht auszuschließen und ich möchte mich bereits an dieser Stelle dafür entschuldigen. Zu weiteren Auskünften bin ich gerne bereit.

# Kapitel 1: Elektrokardiogramm (EKG)

Dieses wohl wichtigste Signal in der psychophysiologischen Aktivierungsforschung wird im wesentlichen zur Schätzung der Herzfrequenz verwendet, doch sind auch Vermessungen des gesamten P-Q-R-S-T-Komplexes bei bestimmten Fragestellungen denkbar. In mehreren Programmen wird zunächst der erste Problembereich bearbeitet, wobei auf die Artefaktbereinigung mittels Plausibilitäts-Kontrollen besonderen Wert gelegt wird. Der zweite Problembereich wurde im Zusammenhang mit Patienten-Daten realisiert, die erhebliche Unterschiede in ihren individuellen Schwellen aufwiesen, sodaß in einem vorgeschalteten Programm diese Schwellen interaktiv bestimmt werden mußten. Die Vermessung des EKG-Zyklus erfolgt dann an einem gemittelten EKG-Zyklus, der auf die R-Zacke zentriert wird.

## 1.1. Schätzung der Herzfrequenz aus gering gestörtem EKG

Die Schätzung der Herzfrequenz erfolgt in drei getrennten Unterprogrammen, die aus dem EKG-Signal die RR-Abstände bestimmen, diese einer ausführlichen Plausibilitäts-Kontrolle unterwerfen und schließlich zu geeigneten Parametern zusammenfassen.

### 1.1.1. Bestimmung der RR-Abstände aus dem EKG-Signal

Das Programm ECG30 zur Bestimmung der RR-Abstände hat in seinem Hauptteil den folgenden Ablauf:

a) Suchen eines relativen Maximums in der EKG-Kurve, für das dann die Formparameter bestimmt und abgefragt werden. Der Ort des relativen Maximums sei i.

b) Bestimmung der Formparameter an der Stelle i:
   - Steigung der Anstiegsflanke = NBUF(i) + NBUF(i–1) + NBUF(i–2) –NBUF(i–3) –NBUF(i–4) –NBUF(i–5).
   - Steigung der Abstiegsflanke = NBUF(i) +NBUF(i+1) + NBUF(i+2) –NBUF(i+3) –NBUF(i+4) –NBUF(i+5).
   - Krümmung = Summe der beiden Steigungen.
   - Amplitude = NBUF(i) –Minimum im Bereich NBUF(i–10) bis NBUF(i–5), wenn i größer 9, und Mittelwert des gesamten Zyklus, wenn i kleiner als 10.

c) Abfragen der Formparameter:
   - Krümmung größer als ein Drittel des Vergleichswerts.

– Steigungen größer als ein Viertel des Vergleichswerts.

– Amplitude größer als die Hälfte des Vergleichswerts.

Die Vergleichswerte werden gleitend an die individuellen Formparameter angepaßt.

d) Zu kurze RR-Abstände werden dem jeweilig nächsten RR-Abstand zugeschlagen.

e) Abfrage der absoluten sukzessiven Differenz mit gleitenden Schwellenwerten. Bei
fehlerhaftem RR-Abstand wird dieser negativ gesetzt.

f) Zu lange RR-Abstände werden negativ gesetzt.

Programm ECG30:
----------------

```
C * * * * * * * * * * * * * * * * * * * * * * * * * * * * * * * *
C                                                               *
C    RR-ABSTAENDE AUS DEM EKG                                   *
C                                                               *
C    AUFRUFLISTE..                                              *
C       NBUF     ARBEITSFELD                                    *
C       IZS      NUMMER DES ZEHN-SEKUNDEN-INTERVALLS            *
C       NBLOK    ZU VERARBEITENDE BLOECKE (2 SEK.)              *
C       KAN      DATENKANAL DES EKG                             *
C       IPAR     PARAMETER                                      *
C          1     AMPLITUDE IN RECHNEREINH.(RE) (ANFANGSWERT 200)*
C          2     STEIGUNG ANSTIEG IN RE (ANFANGSWERT 300)       *
C          3     STEIGUNG ABSTIEG IN RE (ANFANGSWERT 300)       *
C          4     KRUEMMUNG IN RE (ANFANGSWERT 600)              *
C          5     MITTLERER RR-ABSTAND IN 4 MS (ANFANGSWERT 187) *
C          6     INVERTIERUNGSPARAMETER (=1,WENN EKG FALSCH     *
C                GEPOLT, SONST =0)                              *
C          7     MAXIMALE HERZFREQUENZ (ANFANGSWERT 200)        *
C          8     MINIMALE HERZFREQUENZ (ANFANGSWERT40)          *
C       P1,P2    SCHWELLENPARAMETER FUER ABSOLUTE SUKZESSIVE    *
C                DIFFERENZ (ANFANGSWERTE WERDEN BEI IZS=1       *
C                GESTEZT)                                       *
C       JRR      FELD DER RR-ABSTAENDE (AUSGABE)                *
C       N        ANZAHL DER RR-ABSTAENDE (AUSGABE)              *
C * * * * * * * * * * * * * * * * * * * * * * * * * * * * * * * *

        SUBROUTINE ECG30(NBUF,IZS,NBLOK,KAN,
       1                 IPAR,P1,P2,JRR,N)

        DIMENSION NBUF(261),JRR(40),IPAR(8)
        DIMENSION PAR(5),IOUT(5)
        EQUIVALENCE (IAMP,IOUT(1)),(ISP,IOUT(2)),(ISM,IOUT(3)),
       1(KR,IOUT(4)),(IRR,IOUT(5))
        DATA NMAX/40/

C SETZEN DER ANFANGSWERTE FUER P1 UND P2 ZU BEGINN EINES
C NEUEN AUSWERTEABSCHNITTS (PHASE)
        IF(IZS-1) 801,801,802
   801 CONTINUE
        P1=80./FLOAT(IPAR(7))
        P2=2.5
   802 CONTINUE
C KANAL-ANWAHL
        CALL RPCHA(KAN)
```

```fortran
C SCHWELLENPARAMETER SETZEN
      MNIRR = 15000/IPAR(7)
      ASD=IPAR(5)*0.25
      IRRA=IPAR(5)
      P0=0.6
      DO 10  J=1,5
      PAR(J)=IPAR(J)
   10 CONTINUE
      MARR=IFXRF(P2*PAR(5))
C BEGINN DER AUSWERTUNG
      N=0
      IALT=-11
      LE=2*NBLOK
      L=1
      I=16
      LGO=0
C LESEN DES ERSTEN DATENSTUECKS
      CALL RPDTS(NBUF(12),250)
      IF(IPAR(6)) 11,12,11
   11 CALL INVRT(NBUF(12),250)
   12 CONTINUE
C BASISLINIE
      BASE=FLOAT(ISUMS(NBUF(12),250,10))*.04
C  SUCHEN  R-ZACKE
  100 I=I+1
C  LESEN NEUES STUECK, WENN I GROESSER 255
      IF(I-255) 140,140,110
  110 IALT=IALT+250
      I=I-250
      DO 125  J=1,11
  125 NBUF(J)=NBUF(J+250)
      IF(L-LE) 130,300,300
  130 CONTINUE
      CALL RPDTS(NBUF(12),250)
      IF(IPAR(6)) 131,132,131
  131 CALL INVRT(NBUF(12),250)
  132 CONTINUE
      L=L+1
      BASE=FLOAT(ISUMS(NBUF(6),250,10))*.04
  140 CONTINUE
C FEHLER SETZEN, WENN RR-ABSTAND ZU GROSS
      IF(I+IALT-MARR) 115,105,105
  105 IRR=-IPAR(5)
      IALT=IALT-IPAR(5)
      IGO=0
      N=N+1
      LGO=0
      ASD=(ASD*4.+IPAR(5)*0.25)/5.
      IF(NMAX-N) 300,260,260
  115 CONTINUE
C SUCHEN RELATIVES MAXIMUM
      IF(NBUF(I)-NBUF(I-1)) 100,145,145
  145 IF(NBUF(I)-NBUF(I+1)) 100,141,150
  141 IF(NBUF(I)-NBUF(I+2)) 100,100,150
  150 CONTINUE
C FORMPARAMETER BESTIMMEN
      CALL STEIG(NBUF,I,ISP,ISM)
```

```fortran
      KR=ISP+ISM
      IAMP=NBUF(I)-MINN(NBUF(I-10),6)
      IF (I-10)     151,151,152
  151 CONTINUE
      IAMP =  NBUF(I) - BASE
  152 CONTINUE
C SCHWELLEN-ABFRAGEN
      CALL FRAG(KR,ISP,ISM,IAMP,IPAR,IGO)

C DRUCKEN UND DARSTELLEN ZUR KONTROLLE, WENN SCHALTER
C GESETZT WERDEN (KANN ENTFALLEN).
      CALL DATSW (14,ISH)
      GOTO    (8801,8802),ISH
 8801 CONTINUE
      IF (IGO+1)       8802,8803,8803
 8803 CONTINUE
      WRITE (3,301) I,IAMP,ISP,ISM,KR,IPAR,IGO
  301 FORMAT ('  +I,IAMP,ISP,ISM,KR,IPAR,IGO',7I5)
      CALL DIP11 (2,0,250,NBUF)
 8802 CONTINUE

C VORLAEUFIG 'GUTER' RR-ABSTAND
      IF(IGO) 100,100,220
  220 IRR=I+IALT
      IALT=-I
      N=N+1
      IF(N-1) 260,260,221
  221 CONTINUE
      IF(NMAX-N) 300,225,225
  225 CONTINUE
C ABFRAGE AUF ZU KLEINEN RR-ABSTAND
      MINRR=MAX0(MNIRR,IFXRF(FLOAT(IPAR(5))*P1))
      IF(IRR-MINRR) 240,240,250
  240 IRR=-IABS(IRR)
      IF(N-1) 260,260,241
  241 IF(LGO) 242,242,243
  242 N=N-1
      IRR=IRR-IABS(JRR(N))
  243 CONTINUE
      LGO=0
      GOTO      265
C  PARAMETER FORTSCHREIBEN UND DARSTELLUNG AUF DISPLAY
  250 CONTINUE
      CALL DIP11(2,0,256-I,NBUF(I-6))
      P0=0.85-ASD/IPAR(5)
      IF(P0-0.6) 701,702,702
  701 P0=0.6
  702 CONTINUE
      P1=(P1*14.+P0)/15.
      P2=(P2*14.+1./P0)/15.
      DO 20  J=1,5
      PAR(J)=(PAR(J)*14.+IOUT(J))/15.
      IPAR(J)=IFXRF(PAR(J))
   20 CONTINUE
```

```fortran
      MARR=IFXRF(P2*PAR(5))
C RR-ABSTAND SPEICHERN UND PRUEFEN DER ABSOLUTEN SUKZESSIVEN
C DIFFERENZ
  260 CONTINUE
      IF(LGO) 265,265,270
  265 LGO=IGO
      JRR(N)=-IABS(IRR)
      I=I+MAX0(0,IGO)*(IPAR(5)*P1-1)
      GOTO 100
  270 JRR(N)=IRR
      ASD=(ASD*14.+FLOAT(IABS(IRR-IRRA)))/15.
      IRRA=IRR
      I=I+IPAR(5)*P1-1
      GOTO 100

C ENDE DER AUSWERTUNG
  300 CONTINUE
      RETURN
      END
C-----------------------------------------------------

C STEIGUNGEN BESTIMMEN
      SUBROUTINE STEIG(NBUF,I,ISP,ISM)
      DIMENSION NBUF(1)
      ISP=ISUMS(NBUF(1-2),3,1)-ISUMS(NBUF(1-5),3,1)
      ISM=ISUMS(NBUF(I),3,1)-ISUMS(NBUF(I+3),3,1)
      RETURN
      END
C-----------------------------------------------------

C SCHWELLEN-ABFRAGEN
      SUBROUTINE FRAG(KR,ISP,ISM,IA,IPAR,IGO)
      INTEGER A(4)
      DIMENSION IPAR(6)
      DATA A/3,4,4,2/
      IGO=-3
      IF(KR*A(1)-IPAR(4)) 260,260,240
  240 IGO=IGO+1
  260 CONTINUE
      IF(ISP*A(2)-IPAR(2)) 270,270,245
  245 IGO=IGO+1
  270 CONTINUE
      IF(ISM*A(3)-IPAR(3)) 280,280,250
  250 IGO=IGO+1
  280 CONTINUE
      IF(IA*A(4)-IPAR(1)) 220,220,255
  255 IGO=IGO+1
  220 CONTINUE
      RETURN
      END
C=================================================
```

## 1.1.2. Plausibilitäts-Kontrollen der RR-Abstände.

Das Programm ECG31 führt folgende Kontrollen durch, die die Plausibilität der RR-Abstände anhand geeigneter Schwellen und mittels einfacher Statistiken prüfen:

a) Prüfen der absoluten sukzessiven Differenz: wenn $IABS(RR(i)-RR(i-1))$ › $p*RR(i-1)$, dann $RR(i)$ und $RR(i+1)$ negativ setzen.

b) Prüfen der absoluten sukzessiven Differenz bei vermuteten Extrasystolen, die sich durch die Abfolge großer-kleiner oder kleiner-großer RR-Abstand auszeichnen:
wenn $IABS(RR(i)-RR(i-1))$ › $q*RR(i-1)$
und
$RR(i)$ und $RR(i+1)$ nicht beide größer/kleiner $RR(i-1)$
und
$IABS(RR(+1)-RR(i))$ › $q*RR(i)$,
dann $RR(i)$ und $RR(i+1)$ negativ setzen.

c) Einzelne „gute" RR-Abstände zwischen zwei „schlechten" RR-Abständen werden ebenfalls negativ gesetzt.

d) Systematische R-Zacken-Ausfälle, die in Ausnahmefällen auftreten, bewirken eine bimodale Verteilung. Um dies zu prüfen, werden die RR-Abstände am Mittelwert geteilt und die Mittelwerte der oberen und unteren Hälfte bestimmt. Wenn sich diese Mittelwerte um mehr als $r*$Gesamtmittelwert unterscheiden, so wird derjenige Teil negativ gesetzt, dessen Zeitsumme kleiner ist.

```
Programm ECG31:
----------------


C * * * * * * * * * * * * * * * * * * * * * * * * * * * * * * *
C                                                             *
C   PLAUSIBILITAETSKONTROLLEN DER RR-ABSTAENDE.               *
C                                                             *
C     AUFRUFLISTE..                                           *
C       IRR0     REST-ZEIT DES VORIGEN AUSWERTESTUECKS        *
C       IRR      FELD DER RR-ABSTAENDE                        *
C       N        ANZAHL DER RR-ABSTAENDE                      *
C       IZS      NUMMER DES ZEHN-SEKUNDEN-STUECKS             *
C                (NUR FUER INITIALISIERUNG UND KONTROLL-      *
C                -DRUCK NOETIG)                               *
C       NBA,NBE ANFANGS- UND END-BLOCK (WIRD ZUR ZEIT-        *
C                BERECHNUNG UND FUER DEN KONTROLL-DRUCK       *
C                NOETIGT)                                     *
C       IPAR     SCHWELLEN-PARAMETER..                        *
C            1   GENERELL ZUGELASSENE ABSOLUTE SUKZESSIVE     *
C                DIFFERENZ IN PROZENT DES VOR-RR-ABSTANDS     *
C                (NORMWERT = 35 PROZENT)                      *
C            2   DTO. BEI VERMUTETEN EXTRASYSTOLEN            *
C                (NORMWERT = 20 PROZENT)                      *
C            3   ZUGELASSENE DIFFERENZ DER MITTELWERTE VON    *
C                OBERER UND UNTERER HAELFTE IN PROZENT DES    *
C                GESAMTMITTELWERTS                            *
C                (NORMWERT = 70 PROZENT)                      *
C                                                             *
C * * * * * * * * * * * * * * * * * * * * * * * * * * * * * * *
```

```fortran
      SUBROUTINE ECG31(IRR0,IRR,N,IZS,NBA,NBE,IPAR)
      DIMENSION IRR(2),IPAR(3)
C AUSGABE-EINHEIT
      DATA MS/3/

      IF(N) 300,300,4
    4 CONTINUE

      IZ=(NBE-NBA+1)*500
C   IZ  =   GESAMTZEIT DES STUECKES (IN EINHEITEN DER
C               ABTASTZEIT (4 MSEC)

C   PARAMETER HOLEN
C   P   =   GENERELLER ZUGELASSENER DIFFERENZ-ANTEIL
C   Q   =   ZUGEL. DIFFERENZ-ANTEIL BEI EXTRA-SYSTOLEN
C   R   =   DIFFERENZ-ANTEIL VON OBERER-UNTERER HAELFTE
      P=IPAR(1)*.01
      Q=IPAR(2)*.01
      R=IPAR(3)*.01

C INITIALISIERUNG BEIM ERSTEN AUSWERTE-STUECK
C ODER FEHLERHAFTEM RESTSTUECK,
C SONST VERBINDEN DES RESTSTUECKS MIT DEM ERSTEN
C (UNVOLLSTAENDIGEN) RR-ABSTAND
      IF(IZS-1) 5,5,6
    6 CONTINUE
      IF(IRR0) 5,20,20
    5 CONTINUE
      DO 10  I=2,N
      IF(IRR(I)) 10,10,15
   10 CONTINUE
      GOTO 80
   15 IRRA=IRR(I)
      IA=I+1
      IF(IA-N) 25,25,80
   20 CONTINUE
      IRRA=IABS(IRR(1))+IRR0
      IA=2
   25 CONTINUE

C   PRUEFUNG DER ABSOLUTEN SUKZESSIVEN DIFFERENZEN
      DO 100  I=IA,N
      IF(IRR(I)) 30,30,45
   30 CONTINUE
      DO 35  J=I,N
      IF(IRR(J)) 35,35,40
   35 CONTINUE
      GOTO 80
   40 CONTINUE
      IRRA=IRR(J)
      I=J
      GOTO 100
```

```fortran
   45 CONTINUE
      D=FLOAT(IABS(IRR(I)-IRRA))
C  GENERELLE PRUEFUNG
      IF(D-IRRA*P) 50,50,70
   50 CONTINUE
C  PRUEFUNG BEI VERMUTETEN EXTRASYSTOLEN
      IF(D-IRRA*Q) 75,75,55
   55 CONTINUE
      IF(I-N) 57,80,80
   57 CONTINUE
      IF(IRR(I+1)) 75,75,60
   60 CONTINUE
      IF(FLOAT(IRR(I)-IRRA)*FLOAT(IRR(I+1)-IRRA)) 65,75,75
   65 CONTINUE
      IF(FLOAT(IABS(IRR(I+1)-IRR(I)))-IRRA*Q) 75,75,70
   70 CONTINUE
C  FEHLER ERKANNT
      IRR(I)=-IABS(IRR(I))
      IRR(I+1)=-IABS(IRR(I+1))
      GOTO 30
C  KEIN FEHLER GEFUNDEN
   75 CONTINUE
      IRRA=IRR(I)
  100 CONTINUE

C  RESTSTUECK BESTIMMEN FUER NAECHSTEN ABSCHNITT
   80 CONTINUE
      IRR0=IZ
      DO 81  I=1,N
   81 IRR0=IRR0-IABS(IRR(I))
      IF(IRR(N)) 85,85,90
   85 IRR0=-IRR0
   90 CONTINUE

C  ZWISCHENLIEGENDE 'GUTE' RR
      DO 120  I=4,N
      IF(IRR(I-2)) 105,105,120
  105 IF(IRR(I)) 110,110,120
  110 IRR(I-1)=-IABS(IRR(I-1))
  120 CONTINUE

C  PRUEFEN, OB OBERE MINUS UNTERE HAELFTE EXTREM GROSS
      MRR=0
      NRR=0
      DO 122  I=2,N
      IF(IRR(I)) 122,122,121
  121 MRR=MRR+IRR(I)
      NRR=NRR+1
  122 CONTINUE
      MRR=MRR/NRR
      IU=0
      NU=0
      IO=0
      NO=0
```

```fortran
      DO 140  I=2,N
      IF(IRR(I)) 140,140,125
  125 IF(IRR(I)-MRR) 130,140,135
  130 IU=IU+IRR(I)
      NU=NU+1
      GOTO 140
  135 IO=IO+IRR(I)
      NO=NO+1
  140 CONTINUE
      IF(NU*NO) 200,200,145
  145 IU=IU/NU
      IO=IO/NO
      NU=IU*NU
      NO=IO*NO
      IF(FLOAT(IO-IU)-MRR*R) 200,200,150
  150 CONTINUE
      DO 180  I=2,N
      IF(IRR(I)) 180,180,155
  155 CONTINUE
      IF(IRR(I)-MRR) 160,180,170
  160 IF(NU-NO) 165,180,180
  165 IRR(I)=-IRR(I)
      GOTO 180
  170 IF(NU-NO) 180,165,165
  180 CONTINUE
  200 CONTINUE

C   KONTROLL-AUSDRUCK BEI GESETZTEM SCHALTER
C   (KANN WEGGELASSEN WERDEN)
      CALL DATSW(0,IGO)
      GOTO(210,220),IGO
  210 CONTINUE
      WRITE(MS,215) IZS,N,(IRR(I),I=1,N) ,IRRO
  215 FORMAT(' EKG',I3,' N',I3,',RR=',20I5/17X,20I5)
  220 CONTINUE

  300 CONTINUE

      RETURN
      END
C=====================================================================
```

### 1.1.3. Parametrisierung der RR-Abstände

Die aus den RR-Abständen geschätzten Parameter enthalten neben einigen Artefakt-Parametern Mittelwerte und verschiedene Variabilitäts-Masse, die sich in Modellstudien als sinnvoll erwiesen haben. Der Benutzer kann sich hieraus diejenigen Parameter auswählen, die für ihn wesentlich sind. Die Parameterliste ist im Programm ECG 32 dargestellt. „Rauschsperren" bei Variabilitäts-Massen sind gleichzusetzen mit Schwellen, unterhalb denen keine Veränderungen festgestellt werden sollen, genauer: eine Rauschsperre von einem Bit bedeutet, daß Veränderungen von 0 oder 1 als 0, von 2 oder 3 als 2, von 4 oder 5 als 4 usw. bewertet werden. Solche „Vergröberungen" können bei verschiedenen Fragestellungen wie z. B. dem Problem der respiratorischen Arrhythmie von Nutzen sein, sollen hier jedoch nicht weiter erörtert werden.

Programm ECG32:
----------------

```
C * * * * * * * * * * * * * * * * * * * * * * * * * * * * * *
C                                                           *
C         PARAMETRISIERUNG DER RR-ABSTAENDE                 *
C                                                           *
C  AUFRUFLISTE..                                            *
C     IRR      FELD DER RR-ABSTAENDE                        *
C     N        ANZAHL DER RR-ABSTAENDE                      *
C     IOUT     FELD DER PARAMETER (LAENGE 29)..             *
C         1    ANZAHL RICHTIG ERKANNTER RR-ABSTAENDE        *
C         2    ANZAHL FALSCH/ NICHT ERKANNTER RR-ABSTAENDE  *
C         3    GESAMTZEIT RICHTIGER RR (IN 4 MS)            *
C         4    ANZAHL RICHTIG ERKANNTER R-ZACKEN-TRIPEL (FUER  *
C              SUMME SUKZESSIVER ABSOLUTER DIFFERENZEN SASD)   *
C         5    GESAMTZEIT RICHTIG ERKANNTER RR-PAARE (F. SASD) *
C         6    SASD = SUMME ABSOLUTER SUKZESSIVER DIFFERENZEN  *
C              (IN EINHEITEN DER ABTASTZEIT = 4 MSEC)          *
C         7    ANZAHL RICHTIG ERKANNTER R-ZACKEN-QUATRUPEL     *
C              (FUER VORZEICHENWECHSEL)                        *
C         8    GESAMTZEIT RICHTIGER RR-TRIPEL (FUER VORZ.-W.)  *
C         9    ANZAHL VORZEICHENWECHSEL VW DER SUKZESS. DIFF.  *
C        10    ANZAHL ABS.SUKZ.DIFF. GROESSER RR/4            *
C        11    ANZAHL ABS.SUKZ.DIFF. GROESSER RR/2            *
C        12    ANZAHL RR-ABSTAENDE GROESSER RRMAX             *
C        13    ANZAHL RR-ABSTAENDE KLEINER RRMIN             *
C        14    HERZFREQUENZ, HARMONISCHES MITTEL (0.1 BPM)    *
C        15    MASD = MITTL. ABS. SUKZ. DIFF. (0.1 MSEC)      *
C        16    MVW1 = VORZEICHENWECHSEL PRO 10 MINUTEN        *
C        17    MVW2 = VORZEICHENWECHSEL PRO 1000 SCHLAEGE     *
C        18    MASD (1 BIT RAUSCHSPERRE)                      *
C        19    MVW1 (1 BIT RAUSCHSPERRE)                      *
C        20    MVW2 (1 BIT RAUSCHSPERRE)                      *
C        21    MASD (2 BIT RAUSCHSPERRE)                      *
C        22    MVW1 (2 BIT RAUSCHSPERRE)                      *
C        23    MVW2 (2 BIT RAUSCHSPERRE)                      *
C        24    MASD (3 BIT RAUSCHSPERRE)                      *
C        25    MVW1 (3 BIT RAUSCHSPERRE)                      *
C        26    MVW2 (3 BIT RAUSCHSPERRE)                      *
C        27    HERZFREQUENZ, ARITHMETISCHES MITTEL (0.1 BPM)  *
C        28    HERZFREQUENZ, STANDARDABWEICHUNG (0.1 BPM)     *
C        29    SUKZESSIVE DIFFERENZEN, STANDARDABWEICHUNG     *
C              = WURZEL AUS MITTLEREM QUADRAT SUKZESSIVER     *
C              DIFFERENZEN MQSD (0.1 BPM)                     *
C                                                           *
C * * * * * * * * * * * * * * * * * * * * * * * * * * * * * *
```

```fortran
      SUBROUTINE ECG32(IRR,N,IOUT)
      DIMENSION IRR(1),IOUT(29)

C MINIMAL UND MAXIMAL AUFTRETENDE HERZFREQUENZ IN BPM
C (KOENNEN GEGEBENENFALLS AUCH VARIABEL EINGEGEBEN WERDEN)
      DATA MINHF,MAXHF/40,200/
C MISSING-DATA-WERT (KONVENTION)
      DATA IBL/-32767/

C MINIMALE UND MAXIMALE RR-ABSTAENDE
      MINRR=15000/MAXHF
      MAXRR=15000/MINHF

C   NULLSETZEN VON IOUT
    1 CONTINUE
      CALL IVAL(IBL,IOUT,MOUT)
      IOUT(1)=0
      IOUT(4)=0
      IOUT(7)=0
      IF(N-4) 100,7,7
    7 CONTINUE
      CALL IVAL(0,IOUT,MOUT)

C   MITTELWERTE
      HFM=0.
      HFS=0.
      DO 10  I=2,N
      JRR=IABS(IRR(I))
      IF(1RR(I)) 8,10,9
    8 IOUT(2)=IOUT(2)+1
      GOTO 4
    9 IOUT(1)=IOUT(1)+1
      IOUT(3)=IOUT(3)+IRR(I)
      HF=1.5E5/FLOAT(IRR(I))
      HFM=HFM+HF
      HFS=HFS+HF**2
    4 IF(JRR-MAXRR) 52,52,51
   51 IOUT(12)=IOUT(12)+1
   52 IF(JRR-MINRR) 53,10,10
   53 IOUT(13)=IOUT(13)+1
   10 CONTINUE
C ALLES BLANK WENN IOUT(1) = 0      KEIN POS. RR-ABSTAND
      IF (IOUT(1))        6,6,5
    6 CONTINUE
      N = 0
      GOTO         1
    5 CONTINUE

C   SASD
      HFQ=0.
      DO 20  I=3,N
      JRR=IABS(IRR(I-1))
```

```fortran
      IAS=IABS(IABS(IRR(I))-JRR)
      IF(IRR(I)) 14,14,11
   11 IF(IRR(I-1)) 14,14,12
   12 CONTINUE
      IOUT(4)=IOUT(4)+1
      IOUT(6)=IOUT(6)+IAS
      HF=1.5E5/FLOAT(IRR(I))
      HFQ=HFQ+(HF-1.5E5/FLOAT(IRR(I-1)))**2
   14 CONTINUE
      IF(IAS-JRR/4) 20,20,54
   54 IOUT(10)=IOUT(10)+1
      IF(IAS-JRR/2) 20,20,55
   55 IOUT(11)=IOUT(11)+1
   20 CONTINUE

C  VORZEICHENWECHSEL
      IOUT(5)=IOUT(3)
      ID=0
      DO 40  I=4,N
      IF(IRR(I-1))40,40,21
   21 IF(IRR(I-2)) 22,40,25
   22 IF(IRR(I)) 23,40,40
   23 IOUT(5)=IOUT(5)-IRR(I-1)
      GOTO 40
   25 IF(IRR(I)) 40,40,26
   26 CONTINUE
      IOUT(7)=IOUT(7)+1
      IF((IRR(I-1)-IRR(I-2))*(IRR(I)-IRR(I-1))) 27,28,40
   27 CONTINUE
      ID=IRR(I)-IRR(I-1)
   29 CONTINUE
      IOUT(9)=IOUT(9)+1
      GOTO 40
   28 CONTINUE
      IF(ID*(IRR(I)-IRR(I-1))) 29,40,40
   40 CONTINUE

C  VORZEICHENWECHSEL-ZEIT
      IOUT(8)=IOUT(5)
      DO 50  I=5,N
      IF(IRR(I)) 41,50,50
   41 IF(IRR(I-1)) 50,50,42
   42 IF(IRR(I-2)) 50,50,43
   43 IF(IRR(I-3)) 44,50,50
   44 IOUT(8)=IOUT(8)-IRR(I-2)-IRR(I-1)
   50 CONTINUE

C  MASD, VW MIT RAUSCHSPERREN
      DO 70  IBIT=1,3
      BIT=0.5**IBIT
      JBIT=2**IBIT
      L=15+3*IBIT
      DO 63  I=3,N
      IF(IRR(I-1)) 63,63,61
```

```fortran
   61 IF(IRR(1)) 63,63,62
   62 IAS=IFXRF(FLOAT(IABS(IRR(I   )-IRR(I-1)))*BIT)*JBIT
      IOUT(L)=IOUT(L)+IAS
   63 CONTINUE
      ID=0
      DO 70   I=4,N
      IF(IRR(I-2)) 70,70,64
   64 IF(IRR(I-1)) 70,70,65
   65 IF(IRR(I  )) 70,70,66
   66 IAS=IFXRF(FLOAT(IRR(I   )-IRR(I-1))*BIT)*JBIT
      JAS=IFXRF(FLOAT(IRR(I-2)-IRR(I-1))*BIT)*JBIT
      IF(IAS/IABS(IAS)*JAS) 67,69,70
   67 ID=IAS/IABS(IAS)
   68 IOUT(L+1)=IOUT(L+1)+1
      GOTO 70
   69 IF(ID*IAS) 68,70,70
   70 CONTINUE

C  RELEVANTE PARAMETER
      IOUT(14)=IFXRF(FLOAT(IOUT(1))/FLOAT(IOUT(3))*1.5E5)
      IOUT(15)=IFXRF(FLOAT(IOUT(6))/FLOAT(IOUT(4))*40.)
      IOUT(16)=IFXRF(FLOAT(IOUT(9))/FLOAT(IOUT(8))*1.5E5)
      IOUT(17)=IFXRF(FLOAT(IOUT(9))/FLOAT(IOUT(7))*1000.)
      L=17
      DO 71   IBIT=1,3
      L=L+1
      IOUT(L)=IFXRF(FLOAT(IOUT(L))/FLOAT(IOUT(4))*40.)
      L=L+1
      IOUT(L+1)=IOUT(L)
      IOUT(L)=IFXRF(FLOAT(IOUT(L))/FLOAT(IOUT(8))*1.5E5)
      L=L+1
      IOUT(L)=IFXRF(FLOAT(IOUT(L))/FLOAT(IOUT(7))*1000.)
   71 CONTINUE
      IOUT(27)=IFXRF(HFM/IOUT(1))
      IOUT(28)=IFXRF(SQRT((HFS-HFM*HFM/IOUT(1))
     1                        /FLOAT(IOUT(1)-1)))
      IOUT(29)=IFXRF(SQRT(HFQ/IOUT(4)))
  100 CONTINUE

      RETURN
      END
C==================================================================
```

## 1.2. Schätzung der Herzfrequenz bei Patienten mit Bestimmung eines Norm-EKG und dessen Vermessung

Dieser Problembereich wird durch vier Unterprogramme behandelt, deren zweites sich im wesentlichen mit dem Programm ECG30 des Teils 1 deckt, und somit hier verzichtbar ist. Durch die Verwendung des Norm-EKG kann dabei jedoch ein korrelativer Vergleich der Signalform eingebaut werden, der auch bei gestörtem EKG-Signal die R-Zacken erkennen kann. In einem Vorspann-Programm kann automatisch oder interaktiv mit Kontrolle am X-Y-Schreiber (Display) aus einem beliebigen Datenstück (gewöhnlich die anfängliche Ruhe) ein „guter" EKG-Zyklus herausgesucht werden, der dann zur Bestimmung der individuellen Schwellen-Parameter benutzt wird und als Vergleichs-EKG mit 64 Punkten (=256 msec) vor und nach der R-Zacke auf einem Plattenfile zwischengespeichert wird. Nach der Bestimmung der RR-Abstände wird jedes Datenstück ein zweites mal gelesen, wobei bei jedem „guten" RR-Abstand die Werte 256 msec vor und nach der R-Zacke zu einem Norm-EKG gemittelt wird. Im letzten Programm-Schritt wird das Norm-EKG vermessen.

### 1.2.1. Vorspann-Programm zur Bestimmung eines Norm-EKG und der individuellen Formparameter

Für jeden Probanden wird in der ersten Ruhephase ein gültiger EKG-Zyklus gesucht. Das geschieht normalerweise automatisch durch geeignete Schwellen-Parameter gemäß 1.1 (ECG30), ist jedoch auch manuell über den X-Y-Schreiber (Display) als Kontroll-Ausgabe durchführbar. An diesem Referenz-EKG werden die individuellen Anfangswerte der Schwellen-Parameter gemessen. Dieser EKG-Zyklus wird als erster Zyklus für das Norm-EKG verwendet.

```
Programm ECG11:
----------------


C * * * * * * * * * * * * * * * * * * * * * * * * * * * *
C                                                       *
C   EKG - VORSPANN, KONTROLLE AM DISPLAY                *
C                                                       *
C   HANDBETRIEB ZUR ERKENNUNG DES ERSTEN EKG-ZYKLUS..   *
C      SCHALTER 3 AN, DANN HANDBETRIEB, SONST AUTOMATISCH. *
C      DARAUF AUSGABE EINES EKG-DATENSTUECKS AUF DISPLAY UND *
C         PAUSE 3333.                                   *
C      WENN EKG-ZYKLUS AKZEPIERT WIRD, DANN SCHALTER 3 AUS *
C         UND SCHALTER 0 AN. DANACH VERMESSUNG DES EKG. BEI *
C         ZU SCHWACHER KRUEMMUNG DER R-ZACKE WIRD NEUES DATEN- *
C         STUECK GELESEN. WIRD DAS EKG JEDOCH VOM RECHNER  *
C         AKZEPTIERT, DANN AUSGABE AUF DISPLAY MIT R-ZACKE IN *
C         DER MITTE UND PAUSE 3334. BLEIBT SCHALTER 0 AN, DANN *
C         WIRD DAS EKG ENDGUELTIG AKZEPTIERT UND DIE SCHWELLEN-*
C         PARAMETER AUSGEDRUCKT, SONST LESEN NEUES STUECK. *
C      WENN ZUSAETZLICH SCHALTER 1 AN IST, WIRD DIE KRUEMMUNG *
C         NICHT GEPRUEFT (NUR AMPLITUDE UND STEIGUNGEN). DIES *
C         GILT NUR FUER HANDBETRIEB.                     *
C                                                       *
C   AUFRUFLISTE..                                       *
C      NBUF      ARBEITSFELD DER LAENGE 262              *
C      NBLOK     ZU VERARBEITENDE BLOECKE (2 SEK.)       *
C      IPAR      SCHWELLEN-PARAMETER (AUSGABE)..         *
C         1      AMPLITUDE                               *
```

```fortran
C          2      STEIGUNG DER ANSTIEGSFLANKE                          *
C          3      STEIGUNG DER ABSTIEGSFLANKE                          *
C          4      KRUEMMUNG                                            *
C          5      ERSTER RR-ABSTAND                                   *
C          6      MAXIMALWERT DER FOURIER-TRANSFORMIERTEN              *
C     KFL        LAUFPARAMETER DES ZWISCHENSPEICHER-FILES             *
C                (BEI VORLIEGENDEM FILE-HANDLING WIRD DIESER          *
C                PARAMETER BEI LESEN/SCHREIBEN DES FILES AUTO-        *
C                MATISCH WEITERGEZAEHLT === W I C H T I G  ===        *
C                                                                     *
C  DER FILE 2 MIT SAETZEN ZU 256 WORTEN HAT NACH BEENDIGUNG *
C  DES PROGRAMMS FOLGENDE BELEGUNG..                                  *
C     SATZ 1   GEMITTELTES EKG                                        *
C     SATZ 2   NORMIERTES VERGLEICHS-EKG                              *
C                                                                     *
C * * * * * * * * * * * * * * * * * * * * * * * * * * * * * * *

      SUBROUTINE ECG11(NBUF,NBLOK,IPAR,KFL)

      DIMENSION IPAR(6),NBUF(262)

C MINIMAL-KRUEMMUNG
      DATA KKR0/250/
C ANZAHL DER VERFUEGBAREN DATENSTUECKE
      MAXZA=IFIX(FLOAT(NBLOK)*500./256.)

C  DATEN HOLEN
      I=0
      MZAEL=0
  100 CALL ERASE
      CALL RPDTS(NBUF,256)
      KFL=1
C  ZWISCHENSPEICHERN UND DARSTELLEN AUF DISPLAY
      WRITE(2'KFL) (NBUF(J1),J1=1,256)
      CALL DIP11(2,0,256,NBUF)
      MZAEL=MZAEL+1
      IF(MZAEL-MAXZA) 2,2,1
C KEINEN AKZEPTABLEN EKG-ZYKLUS GEFUNDEN, STOP
    1 PAUSE 1818
      STOP

C SCHALTER FUER HANDBETRIEB ODER AUTOMATIK
    2 CONTINUE
      KKR=KKR0
      CALL DATSW(3,I)
      GOTO(10,200),I
   10 CONTINUE
      PAUSE 3333
      CALL DATSW(1,I1J)
      KKR=KKR0/4
      CALL DATSW(0,I)
      GOTO(200,100),I

C  BENUTZER HAT EKG-ZYKLUS AKZEPTIERT,
```

```fortran
C  PARAMETER MESSEN
  200 CONTINUE
C AUSREICHENDE KRUEMMUNG SUCHEN
      IA=0
      JA=0
      IKR=0
      JKR=0
      DO 210  I=6,251
      IF(NBUF(I)-IA) 202,202,201
  201 IA=NBUF(I)
      JA=I
  202 KR=ISUMS(NBUF(I-2),5,1)+NBUF(I)
     1-ISUMS(NBUF(I-5),3,1)-ISUMS(NBUF(I+3),3,1)
      IF(KR-IKR) 210,210,203
  203 IKR=KR
      JKR=I
  210 CONTINUE
      CALL DATSW(3,I)
      GOTO (40,38),I
   38 CONTINUE
      IF(IKR-KKR) 100,100,30
   30 CONTINUE

C  MAXIMA VON KRUEMMUNG UND AMPLITUDE MUESSEN UEBEREINSTIMMEN,
C          ABER DAS MAXIMUM KANN AUCH DIE T-WELLE SEIN.
      IF(IABS(JA-JKR)-3) 215,215,40
   40 IF(JKR-10) 100,100,41
   41 IF(JKR-246) 42,42,100
   42 IA=0
      JA=JKR-6
      DO 50  I=1,13
      J=JKR-7+I
      IF(IA-NBUF(J)) 45,50,50
   45 IA=NBUF(J)
      JA=J
   50 CONTINUE
      IF(IABS(JA-JKR)-3) 60,60,100
   60 CONTINUE

C WEITERE PARAMETER BESTIMMEN
  215 CALL STEIG (NBUF,JKR,IPAR(2),IPAR(3))
      IPAR(1)=IA-MINN(NBUF(JA-10),6)
      IPAR(4)=IKR

C  NORM-EKG UND RR-ABSTAND
      WRITE(2'KFL) (NBUF(J1),J1=1,256)
      L=0
      I=JKR+70
  221 LJ=0
  220 I=I+1
      IF(I-251) 235,235,225
  225 DO 230  J=1,6
  230 NBUF(J)=NBUF(J+250)
      L=L+1
```

```fortran
      IF(L-2) 236,236,100
  236 CONTINUE
      CALL RPDTS(NBUF(7),256)
      MZAEL=MZAEL+1
      IF(MZAEL-MAXZA) 3,3,1
    3 CONTINUE
      WRITE(2'KFL) (NBUF(J),J=7,262)
      I=I-245
  235 CALL STEIG(NBUF,I,ISP,ISM)
      ISP=ISP*IP/2
      ISM=ISM*IP/2
      IA=(NBUF(I)-MINN(NBUF(I-10),6))*IP/2
      KR=ISP+ISM
C SCHWELLEN-ABFRAGEN
      CALL FRAG(KR,ISP,ISM,IA,IPAR,IGO)
      IF(IGO) 221,240,250
  240 LJ=LJ+1
      IF(LJ-10) 220,100,100
  250 CONTINUE

C   R-ZACKE GEFUNDEN, ERSTES REFERENZ-EKG MIT R-ZACKE
C   IN DER MITTE VOM ZWISCHEN-SPEICHER LESEN
      CALL ERASE
      IPAR(5)=I-JKR+L*256-6
      KFL=1
      J=JKR+192
      READ(2'KFL) (K,I=1,J),(NBUF(J1),J1=1,128)
      CALL DIP11(2,0,128,NBUF)
      CALL DATSW(3,I)
      GOTO(20,500),I
   20 CONTINUE
      PAUSE 3334
C ALLES AKZEPTIERT
      CALL DATSW(0,I)
      GOTO(500,100),I
  500 CONTINUE

C ERSTES REFERENZ-EKG UND GENORMTES REFERENZ-EKG SPEICHERN
      KFL=1
      WRITE(2'KFL) (NBUF(I),I=1,128)
      IPAR(6)=MAXFE(NBUF,128)
      WRITE(3,300) (IPAR(I),I=1,5)
  300 FORMAT(///'0AMPL.,POS.STG.,NEG.STG.,KRUEMMG.,RR/4',5I6
     1/1X,68(1H-)//)
      MWY=ISUMS(NBUF,128,1)/128
      JF=(MAXN(NBUF,128)-MWY)/64
      DO 405  I=1,128
  405 NBUF(I)=(NBUF(I)-MWY)/JF
      WRITE(2'KFL) (NBUF(I),I=1,128)
      RETURN
      END
C==================================================================
```

### 1.2.2. Mitteilung der EKG-Zyklen zur Erstellung des Norm-EKG, Bestimmung der T-Wellen-Parameter

Das Programm ECG13 führt die Mitteilung der EKG-Zyklen bei „guten" RR-Abständen durch und bestimmt die Parameter der T-Welle, die normalerweise außerhalb des Bereiches des gemittelten EKG liegt (R-Zacke +/−256 msec).

```
Programm ECG13:
---------------


C * * * * * * * * * * * * * * * * * * * * * * * * * * * * *
C  EKG                                                     *
C  MITTELUNG DES NORM-EKG UND BESTIMMUNG DER T-WELLEN-     *
C  PARAMETER.                                              *
C                                                          *
C     AUFRUFLISTE..                                        *
C       MBUF    ARBEITSFELD DER LAENGE 256                 *
C       IPAR    SCHWELLENPARAMETER WIE BEI ECG11           *
C       JRR     RR-ABSTAENDE                               *
C       N       ANZAHL DER RR-ABSTAENDE                    *
C       ITA     T-AMPLITUDE (AUSGABE)                      *
C       IQTZ    QT-ZEIT (AUSGABE)                          *
C                                                          *
C * * * * * * * * * * * * * * * * * * * * * * * * * * * * *

        SUBROUTINE ECG13(MBUF,IPAR,JRR,N,ITA,IQTZ)
        DIMENSION MBUF(256),IPAR(6),JRR(2),MRR(128)

C INITIALISIERUNG, LESEN DES NORM-EKG
        KAN=1
        JDIV=1
        READ(2'1) MRR
        CALL MAX99(MRR ,128,MT,IMT)
        CALL MIN99(MRR ,128,MIT,IMT)
        JRG=MT-MIT
        IRG=JRG
C DATEN-ZEIGER POSITIONIEREN
        CALL ECG14 (MBUF,IABS(JRR(1))+64)
        L=1
        LGO=0
        I=1
        LRR=JRR(2)
        ITA=0
        IQTZ=IPAR(5)/3
        LTZ=2

C BEGINN DER MITTELUNGSPROZEDUR
    100 I=I+1
        IF(I-N) 5,900,900
      5 CONTINUE
        IRR=IABS(LRR)
        LRR=JRR(I+1)
        LL=IRR-256
```

```fortran
C DATEN-ZEIGER POSITIONIEREN
      CALL ECG14 (MBUF,LL)
C LESEN NEUE DATEN
      CALL RPDTS(MBUF(LL),256-LL+1)
      IF(JRR(I)) 100,100,10
C  GUTER RR-ABSTAND
   10 CONTINUE
C AMPLITUDE PRUEFEN
      CALL MAX99(MBUF(159),20,MT,IMT)
      CALL MIN99(MBUF(159),20,MIT,IMT)
      IF(MT-MIT-IPAR(1)*2) 11,11,100
   11 CONTINUE
      L=L+1
      J1=MAX0(6,210-JRR(I))
      J2=192-JRR(I)/3
      MT=0
C STEIGUNGEN PRUEFEN
      DO 13  J=J1,J2
      IF(MBUF(J)-MBUF(J-5)) 13,13,16
   16 IF(MBUF(J)-MBUF(J+5)) 13,13,17
   17 CALL STEIG(MBUF,J,ISP,ISM)
C KRUEMMUNG PRUEFEN UND T-WELLEN-PARAMETER BESTIMMEN
      KR=ISP+ISM
      1F(MT-KR)         14,13,13
   14 MT=KR
      IMT=J
   13 CONTINUE
      MT=MBUF(IMT)
      LTZ=LTZ+1
      ITA=ITA+MT
      IQTZ=IQTZ+IMT+JRR(I)-191
C NORM-EKG FORTSCHREIBEN DURCH MITTELUNG
      IF(JDIV-1) 120,120,125
  120 CONTINUE
      DO 15  J=1,128
   15 MRR(J)=MRR(J)+MBUF(J)
      IRG=IRG+JRG
      GOTO 135
  125 DO 130  J=1,128
  130 MRR(J)=MRR(J)+MBUF(J)/JDIV
      IRG=IRG+JRG/JDIV
  135 CONTINUE
      IF(IRG-25000) 150,150,140
  140 DO 145  J=1,128
  145 MRR(J)=MRR(J)/2
      IRG=IRG/2
      JDIV=JDIV*2
  150 CONTINUE
C DARSTELLEN AUF DISPLAY
      CALL DIP11(2,0,128,MBUF)
      LGO=1
      GOTO 100

  900 CONTINUE
```

```
C NORM-EKG RUECKSPEICHERN AUF FILE 2
      JDIV=L/JDIV
      DO 110 I=1,128
  110 MRR(I)=MRR(I)/JDIV
      KFL=1
      WRITE(2'1) MRR
C T-WELLEN-PARAMETER
      L=LTZ
      ITA=ITA/(L-1)
      IQTZ=IQTZ/(L-1)

      RETURN
      END
C---------------------------------------------------------------

C  DATEN-ZEIGER POSITIONIEREN

      SUBROUTINE ECG14(IX,L)
      DIMENSION IX(256)
      DATA IDIM/256/
      LL=L
    5 IF(LL-IDIM) 15,15,10
   10 CALL RPDTS(IX,IDIM)
      LL=LL-IDIM
      GOTO 5
   15 IF(LL) 20,20,30
   20 JJ=LL+IDIM
      LL=-LL
      DO 25  J=1,LL
      JJ=JJ+1
   25 IX(J)=IX(JJ)
      L=LL+1
      RETURN
   30 CALL RPDTS(IX,LL)
      L=1
      RETURN
      END
C===============================================================
```

1.2.3. Vermessung des Norm-EKG (gemittelter EKG-Zyklus, auf die R-Zacke zentriert)

Das durch die Programme ECG11 und ECG13 geschätzte Norm-EKG läßt sich nun vermessen. Eine Bestimmung der Amplituden- und Zeit-Parameter an einem gemittelten Signalstück ist aus der EEG-Forschung mit evozierten Potentialen bekannt und bietet Vorteile im Hinblick auf Artefakte und Stabilität der Schätzungen. Die geschätzten Parameter sind im Programm ECG17 beschrieben. Weitere Parameter können z. B. durch Spektralanalyse des Norm-EKG gewonnen werden (daher hat das Norm-EKG eine Zweierpotenz als Länge, was von FFT-Programmen verlangt wird). Spektralanalyse-Parameter wurden z. B. von G. Brodner (1983) verwendet.

Programm ECG17:
----------------

```
C * * * * * * * * * * * * * * * * * * * * * * * * * * * * * * *
C                                                             *
C     VERMESSUNG DES GEMITTELTEN EKG                          *
C                                                             *
C       AUFRUFLISTE..                                         *
C         IX      ARBEITSFELD DER LAENGE 128                  *
C         NULL    TECHNISCHER NULLWERT DES SIGNALS (OFFSET)   *
C         EICH    EICHFAKTOR FUER AMPLITUDENMASSE             *
C         IRR     MITTLERER RR-ABSTAND (EINGABE)              *
C         ITA     T-AMPLITUDE (EINGABE)                       *
C         IQTZ    QT-ZEIT (EINGABE)                           *
C         IOUT    FELD DER PARAMETER (AUSGABE)                *
C             1   R-AMPLITUDE                                 *
C             2   P-AMPLITUDE                                 *
C             3   Q-AMPLITUDE                                 *
C             4   S-AMPLITUDE                                 *
C             5   QR-STEIGUNG                                 *
C             6   P-STEIGUNG                                  *
C             7   PQ-ZEIT (MSEC)                              *
C             8   T-AMPLITUDE                                 *
C             9   QT-ZEIT (MSEC)                              *
C                                                             *
C * * * * * * * * * * * * * * * * * * * * * * * * * * * * * * *
        SUBROUTINE ECG17(IX,NULL,EICH,IRR,ITA,IQTZ,IOUT)
        DIMENSION IX(128),IOUT(9)
C DATENPUNKTE
        DATA N/128/
C ABTASTZEIT IN MSEC
        DATA IDT/4/
C MISSING-DATA-WERT (KONVETION)
        DATA IBL/-32767/

C LESEN DES NORM-EKG
        READ(2'1)(IX(I),I=1,N)
        NH=N/2
CHECK BASE LINE
        IBAS=LIBAS(IX,N/2-10,NULL-100,NULL+50)
CHECK R-PEAK, QR-DIFF.
        CALL MAX99(IX(NH-5),11,M,I)
        IOUT(1)=M-IBAS
        1=NH-6+I
CHECK Q-PEAK
        CALL MIN99(IX(NH-20),17,M,J)
        J=NH-21+J
        IOUT(3)=IBAS-M
        IOUT(5)=(IOUT(1)+IOUT(3))/(I-J+1)
        IOUT(9)=(IQTZ+64-J)*IDT
CHECK P-PEAK, PQ-TIME
```

```fortran
      J1=MAX0(20,(N-IRR+IQTZ)/2)
      CALL MAX99(IX(J1),J-J1,M,K)
      K=K+J1-1
      IF((M-IX(K-4))*(M-IX(K+4))) 5,6,6
    5 M=IBAS
    6 CONTINUE
      IOUT(2)=M-IBAS
      IOUT(7)=J-K
CHECK P-DIFF.
      IOUT(6)=0
      DO 10  I=4,K
   10 IOUT(6)=MAX0(IOUT(6),IX(I)-IX(I-3))
CHECK S-AMPL.
      CALL MIN99(IX(NH),20,M,L)
      IOUT(4)=IBAS-M

C  EICHEN
      DO 20  I=1,5
      IOUT(I)=IFXRF(FLOAT(IOUT(I))*EICH)
   20 CONTINUE
      IOUT(6)=IFXRF(FLOAT(IOUT(6))*.33333*EICH)
      IOUT(7)=IOUT(7)*IDT
      ITA=ITA-IBAS
      IOUT(8)=IFXRF(ITA*EICH)

C PLAUSIBILITAET DER ERGEBNISSE
C PQ-ZEIT ZU KURZ ODER P-AMPLITUDE=0
      IF(IOUT(7)-50) 30,30,25
   25 CONTINUE
      IF(IOUT(2)) 30,30,35
   30 IOUT(2)=0
      IOUT(6)=0
      IOUT(7)=IBL
C Q-AMPLITUDE=0
   35 IF(IOUT(3)) 40,40,45
   40 IOUT(3)=0
      IOUT(7)=IBL
C S-AMPLITUDE=0
   45 IF(IOUT(4)) 50,50,55
   50 IOUT(4)=IBL
   55 CONTINUE

      RETURN
      END
C===============================================================
```

Hiermit soll die Behandlung des EKG-Signals abgeschlossen werden. Es ist klar, daß
nicht alle Anwendungsgebiete angesprochen werden konnten, doch sollte der Benutzer mit Hilfe dieser Programme leicht in der Lage sein, eigene Parametrisierungen des
EKG zumindest bei Standardfragestellungen vorzunehmen. Es sei noch darauf hingewiesen, daß in zunehmendem Maße EKG-Analysen mit Mikroprozessoren kommer-
ziell angeboten werden, doch wird eine eigene Analyse, die off-line und damit wieder-
holbar und bezüglich Artefakten durchschaubarer durchgeführt wird, von vielen Anwendern auch weiterhin bevorzugt werden.

# Kapitel 2: Impedanzkardiogramm (IKG)

Die Impedanzkardiographie ist eine Methode, die über die Messung der elektrischen
Impedanz des Thoraxvolumens versucht, die mechanische Herzleistung zu beurteilen.
Die Grundlagen für diese Schätzungen wurden auf einem Symposium am 24.–25. Juni
1977 behandelt (E. Lang et al., 1978). Sie hat wegen ihrer nicht-invasiven Messeme-
thodik und dem großen Interesse an kardiovaskulären Parametern über die Herzfrequenz hinaus immer mehr an Bedeutung gewonnen.
Die Parametrisierung erfolgt hier in einem einzigen großen Unterprogramm, das von
bereits bestimmten RR-Abständen aus dem EKG ausgeht und drei weitere Signale si-
multan verarbeiten muß: den Impedanz-Level Z0, die Impedanzänderung dZ/dt und
als Hilfs-Signal den Herzton (gemessen mit einem Herzschall-Mikrofon). Auf den
Herzton kann allerdings bei sehr gutem dZ/dt-Signal verzichtet werden.

## 2.1. Vermessung der Signale

Die folgende Darstellung der stilisierten Kurven-Verläufe soll die Vermessung der Signale veranschaulichen:

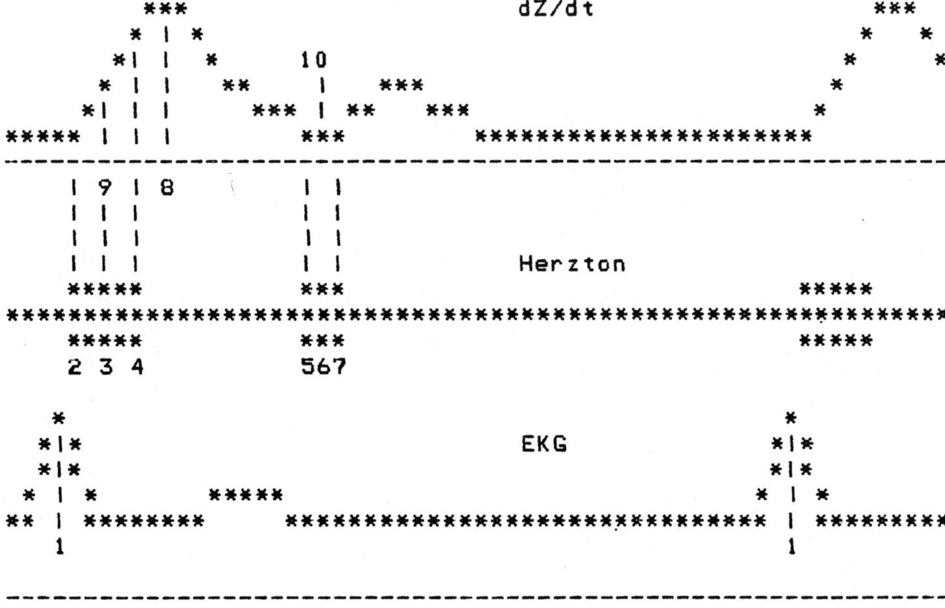

2.1.1. **EKG:** Mit Hilfe der im Kapitel 1 beschriebenen Programme werden die R-Zakken erkannt und deren Orte als RR-Abstände abgespeichert.

2.1.2. **Herzton:** Vom 1. bis 2. Herzton werden bestimmt:

– der Ort der maximalen Amplitude (3) und (6);

– der Beginn des Herztons als der erste Punkt, dessen Amplitude 20 % der Maximal-Amplitude erreicht (2) und (5);

– das Ende des Herztons als der letzte Punkt, dessen Amplitude 20 % der Maximal-Amplitude erreicht (4) und (7);

Fehler werden angenommen, wenn der Herzton breiter als 100 msec ist oder die Amplitude im Rauschbereich liegt.

2.1.3. **dZ/dt:** Es wird erkannt:

– der Gipfel (8) im Bereich von 50 bis 300 msec nach der R-Zacke des EKG; dabei wird geprüft, ob v o r diesem Gipfel ein weiterer Gipfel liegt (zweigipflige Kurve, der erste Gipfel wird verwendet); auf Fehler wird erkannt, wenn in diesem Bereich kein relatives Maximum auffindbar ist;

– der exakte Basispunkt (9) im Bereich des ersten Herztons als Punkt der größten (negativen) Entfernung der Kurve von ihrer Sekante zwischen den Punkten (2) und (4); sind die Entfernungen zu beiden Seiten von (9) nicht kleiner (kein relatives Maximum der Entfernungen zur Sekante), so wird (9) durch (3) geschätzt;

– der exakte Endpunkt (10) als Ort des Minimums im Bereich des zweiten Herztons; werden in diesem Bereich zwei relative Minima gefunden, so wird das erste der beiden benutzt; wird kein relatives Minimum gefunden, so wird (10) durch (6) geschätzt.

2.1.4. Als **Basiswert** der Impedanz gilt der Wert von Z0 an der Stelle (8), also am Gipfelpunkt von dz/dt.

## 2.2. Schätzen der Parameter

2.2.1. **Herzfrequenz** aus den RR-Abständen (vgl. ECG30).

2.2.2. **Schlagvolumen:**

$$VS = rho * \left( \frac{L}{Z0} \right)^2 * T * \frac{dZ}{dt} \text{ in ml}$$

dabei ist

    rho    = 135 Ohm-cm = elektrischer Widerstand des Blutes

    L    = kürzester Abstand zwischen den Elektroden (cm)

    Z0    = Basisimpedanz gemäß 2.1.4

    T    = Austreibungszeit = Punkt (9) bis (10) (sec)

    dZ/dt    = Amplitudendifferenz der Punkte (8) und (9) in Ohm/sec. Dieses Maß ist im Gegensatz zur einfachen Amplitude (8) von Nullinienschwankungen unabhängig und daher vorzuziehen

2.2.3. **Herzzeitvolumen** = Schlagvolumen * Herzfrequenz in 1/Min.

2.2.4. **Austreibungszeit** T = Abstand der Punkte (9) und (10) in sec.

2.2.5. **R-Z-Zeit** = Abstand der Punkte (1) und (8) in sec.

2.2.6. **Heather-Index** HI = (dZ/dt)/RZ mit dZ/dt=Amplitudendifferenz wie oben
und RZ=R-Z-Zeit.

```
Programm IKG30:
-----------------


C * * * * * * * * * * * * * * * * * * * * * * * * * * * * * * * * *
C                                                                 *
C     AUSWERTUNG IMPEDANZ-KARDIOGRAMM                             *
C                                                                 *
C     AUFRUFLISTE..                                              *
C       NBUF  ARBEITSFELD DER LAENGE 261                         *
C       IRR   FELD DER RR-ABSTAENDE                              *
C       N     ANZAHL DER RR-ABSTAENDE                            *
C       IRRO  RESTSTUECK AM ENDE DER RR-ABSTAENDE                *
C       IPAR  SCHWELLENPARAMETER (ZEITEN IN 4 MSEC)..            *
C          1 ENDE DES 1. HERZTONS (NORMWERT=30)                 *
C          2 ABSTAND ORT 1.HERZTON BIS ANFANG 2.HERZTON         *
C            (GLEITEND, ANFANGSWERT=48)                          *
C          3 ABSTAND ORT 1.HERZTON BIS ENDE 2.HERZTON           *
C            (GLEITEND, ANFANGSWERT=112)                         *
C          4 RAUSCH-SCHWELLE FUER HERZTON (NORMWERT=12)          *
C          5 MAXIMALE BREITE 1.HERZTON (NORMWERT=25)             *
C          6 MAXIMALE BREITE 2.HERZTON (NORMWERT=22)             *
C          7 PROZENTPUNKT FUER HERZTONGRENZEN (NORMWERT=20)      *
C          8 ZEITFENSTER FUER DZ/DT-GIPFEL, UNTERE GRENZE        *
C            (GLEITEND, ANFANGSWERT=14)                          *
C          9 ZEITFENSTER FUER DZ/DT-GIPFEL, OBERE GRENZE         *
C            (GLEITEND, ANFANGSWERT=51)                          *
C         10 MINIMALAMPLITUDE BEI DOPPELGIPFEL (NORMW.=25)       *
C         11 MINIMALAMPLITUDE BEI STABILIZERFEHLER (STABI-       *
C            LIZER DES GERAETS HAELT DAS SIGNAL LAENGERE         *
C            AUF EINEM KONSTANTEN WERT) (NORMWERT=25)            *
C         12 MINIMALAMPLITUDE VO DZ/DT (NORMWERT=75)             *
C         13 KUERZESTER ELEKTRODENABSTAND (CM)                   *
C         14 ABWEICHUNG NACH UNTEN FUER PARAMETER-FORT-          *
C            SCHREIBUNG (NORMWERT=15)                            *
C         15 ABWEICHUNG NACH OBEN FUER PARAMETER-FORT-           *
C            SCHREIBUNG (NORMWERT=20)                            *
C       KAN   KANALNUMMERN FUER DZ/DT, HERZTON, Z0              *
C       NULL  OFFSET FUER DZ/DT, HERZTON, Z0                    *
C       EICH  EICHFAKTOREN FUER DZ/DT, HERZTON, Z0              *
C       Q,S   MITTELWERTE UND STANDARDABWEICHUNGEN FUER DIE      *
C             5 PARAMETER (AUSGABE).. SCHLAGVOLUMEN, HERZZEIT-  *
C             VOLUMEN, AUSTREIBUNGSZEIT, R-Z-ZEIT, HEATHER-      *
C             INDEX                                              *
C       N1    ANZAHL GUELTIGER ANALYSIERTER RR-ABSTAENDE         *
C                                                                 *
C * * * * * * * * * * * * * * * * * * * * * * * * * * * * * * * * *


      SUBROUTINE IKG30(NBUF,IRR,N,IRRO,IPAR,KAN,NULL,EICH,
```

```fortran
     1                   Q,S,N1)
      DIMENSION NBUF(261),IRR(40),IPAR(15)
      DIMENSION KAN(3),NULL(3),EICH(3)
      DIMENSION IPKT(10),IERR(2),Q(5),S(5),PAR(5)
      EQUIVALENCE (IP8,IPKT(8)),(IP9,IPKT(9))
      EQUIVALENCE (VS,PAR(1)),(HMV,PAR(2)),(AZ,PAR(3)),
     1(RZ,PAR(4)),(HI,PAR(5))
C LOGICAL UNIT FUER DRUCKER (KONTROLL-AUSGABE)
      DATA MS/3/

C INITIALISIERUNG
      N1=0
      IF(N) 900,900,510
  510 CONTINUE
C DATENZEIGER AUF ERSTE R-ZACKE POSITIONIEREN
      JRR=IABS(IRR(1))
  519 IF(JRR) 522,522,521
  521 NDIM=MINO(JRR,261)
      CALL RPCHA(KAN(1))
      CALL RPDTS(NBUF,NDIM)
      CALL RPCHA(KAN(2))
      CALL RPDTS(NBUF,NDIM)
      CALL RPCHA(KAN(3))
      CALL RPDTS(NBUF,NDIM)
      JRR=JRR-NDIM
      GOTO 519
  522 CONTINUE
C  NULLSETZEN DER AUSGABEFELDER
      DO 525  I=1,5
      Q(I)=0.
      S(I)=0.
  525 CONTINUE

C  SCHLEIFE DER RR-ABSTAENDE  ---------------------------------
      IZ=IABS(IRR(1))
      DO 300  NRR=2,N
      IZ=IZ+IABS(IRR(NRR))
      IERR(1)=-1
      IERR(2)=-1
      NDIM=MINO(IABS(IRR(NRR)),261)
      NREST=IABS(IRR(NRR))-NDIM

C  Z 0
      CALL RPCHA(KAN(3))
      CALL RPDTS(NBUF,NDIM)
      IZ0=ISUMS(NBUF(IP8-3),7,1)/7
      Z0=FLOAT(IZ0-NULL(3))*EICH(3)*0.01

C  H E R Z T O E N E
      CALL RPCHA(KAN(2))
      CALL RPDTS(NBUF,NDIM)
      IF(IRR(NRR)) 100,100,530
  530 CONTINUE
      IU=IPAR(1)
```

```fortran
      IO=20
      NULL(2)=ISUMS(NBUF(IU),IO,1)/IO
      DO 540  I=1,NDIM
      NBUF(I)=NBUF(I)-NULL(2)
  540 CONTINUE
      CALL DIP11(2,0,NDIM,NBUF)
      IU=1
      IO=IPAR(1)
      MAXB=IPAR(5)
      DO 550   ITON=1,2
C   ZWISCHEN IU UND IO WIRD ANFANG UND ENDE (JA,JE) DES
C   HERZTONS GESUCHT,
C   IM = ORT DES MAXIMUMS.
C   DIE GRENZEN DES HERZTONS WERDEN ANGENOMMEN BEI EINER
C   AMPLITUDE VON P * MAXIMALAMPLITUDE.
C   MAXB = MAXIMAL MOEGLICHE BREITE IN B.E. (D.H.  4 MSEC)
      IERR(ITON)=0
C   SUCHEN MAXIMUM
      MAX=0
      DO 10   I=IU,IO
      IA=IABS(NBUF(I))
      IF(MAX-IA) 15,10,10
   15 MAX=IA
      IM=I
   10 CONTINUE
      IF(MAX-300) 11,11,75
   11 CONTINUE
C   WEITERE MAXIMA LINKS
      MAXP=MAX*IPAR(7)/100
      MAXP=MAX0(MAXP,IPAR(4))
      DO 25   I=IU,IM
      IF(IABS(NBUF(I))-MAXP) 25,25,30
   25 CONTINUE
      I=IM
   30 JA=I
      IF(JA-IU) 35,35,40
   35 IERR(ITON) = 2
C   WEITERE MAXIMA RECHTS
   40 JE=IO+1
      DO 45   I=IM,IO
      JE=JE-1
      IF(IABS(NBUF(JE))-MAXP) 45,45,50
   45 CONTINUE
   50 IF(JE-IO) 60,55,55
   55 IERR(ITON)=3
   60 CONTINUE
C   BREITE PRUEFEN
      IF(JE-JA-MAXB) 70,70,75
   75 IERR(ITON)=1
      JA=IU
      JE=IO
   70 CONTINUE
      L=ITON*3-1
      IPKT(L)=JA
```

```
      IPKT(L+1)=IM
      IPKT(L+2)=JE
      IU=MAX0(JE+10,IM+IPAR(2))
      IO=IM+IPAR(3)
      IU=MIN0(IO-5,IU)
      IO=MAX0(IU+10,IO)
      MAXB=IPAR(6)
  550 CONTINUE
  100 CONTINUE

C   D Z / D T
      IPKT(1)=0
      CALL RPCHA(KAN(1))
      CALL RPDTS(NBUF,NDIM)
      IF(IRR(NRR)) 200,200,110
  110 CONTINUE
      CALL DIP11(2,0,NDIM,NBUF)
C   GIPFEL
      JERR=1
      IU=IPAR(8)
      CALL MAX99(NBUF(IU),IPAR(9)-IU,IAMP,IORT)
      IF((IORT-1)*(IORT-IPAR(9)+IU)) 115,200,200
  115 CONTINUE
      IO=MAX0(IORT-5,1)
      IORT=IORT+IU-1
      CALL MAX99(NBUF(IU),IO,JAMP,JORT)
      IF((JORT-1)*(JORT-IO)) 120,130,130
  120 CONTINUE
      JORT=JORT+IU-1
      IF(NBUF(IU)-NBUF(JORT)+IPAR(10)) 130,125,125
  125 IORT=JORT
  130 CONTINUE
      IPKT(8)=IORT
C   STABILIZER-FEHLER
      JERR=2
      IF(NBUF(IORT)-NULL(1)-IPAR(11)) 200,135,135
  135 CONTINUE
      IO=IORT+5
      DO 140   I=1,4
      IO=IO+3
      IF(IABS(NBUF(IO)-NULL(1))-10) 140,140,145
  140 CONTINUE
      GOTO 200
  145 CONTINUE
C   BASIS-PUNKT
      JERR=3
      IU=IPKT(2)
      IO=IPKT(4)
      IPKT(9)=IU
      WP=0.
      D=FLOAT(NBUF(IO)-NBUF(IU))/FLOAT(IO-IU)
      DO 155   I=IU,IO
      W=D*FLOAT(I-IU)-FLOAT(NBUF(I))
      IF(W-WP) 155,155,150
```

```
  150 CONTINUE
      IPKT(9)=I
      WP=W
  155 CONTINUE
      IF(WP) 160,160,170
  160 CONTINUE
      JERR=4
      IF(IERR(1)) 165,165,200
  165 CONTINUE
      IPKT(9)=IPKT(3)
  170 CONTINUE
C   ENDPUNKT
      JERR=5
      IU=IPKT(5)
      IO=IPKT(7)+1
      IO=MAX0(IU+1,IO)
      CALL INVRT(NBUF(IU),IO-IU)
      CALL MAX99(NBUF(IU),IO-IU,IAMP,IORT)
      CALL INVRT(NBUF(IU),IO-IU)
      IORT=IORT+IU-1
      IF((IORT-IU)*(IORT-IO+1)) 180,175,175
  175 CONTINUE
      IORT=IPKT(6)
      JERR=6
      IF(IERR(2)) 180,180,200
  180 CONTINUE
      IPKT(10)=IORT
      AMPL=FLOAT(NBUF(IP8)-NBUF(IP9))*EICH(1)*.001
      JERR=7
      IF(AMPL*100.-IPAR(12)) 200,185,185
  185 CONTINUE
      JERR=0

C P A R A M E T E R
      AZ=FLOAT(IPKT(10)-IPKT(9)+1)*.004
      VS=135.*(IPAR(13)/Z0)**2*AZ*AMPL
      HMV=VS*15000./IRR(NRR)
      RZ=FLOAT(IPKT(8))*.004
      HI=AMPL/RZ
C   SUMMATION
      N1=N1+1
      DO 190  I=1,5
      Q(I)=Q(I)+PAR(I)
      S(I)=S(I)+PAR(I)**2
  190 CONTINUE
C   PARAMETER VERAENDERN
      IPAR(2)=(IPAR(2)*14+IPKT(5)-IPKT(3)-IPAR(14))/15
      IPAR(3)=(IPAR(3)*14+IPKT(7)-IPKT(3)+IPAR(15))/15
      IPAR(8)=(IPAR(8)*14+IPKT(8)-IPAR(14)/2)/15
      IPAR(9)=(IPAR(9)*14+IPKT(8)+IPAR(15)/2)/15
  200 CONTINUE


C   KONTROLL-AUSDRUCK, WENN SCHALTER GESETZT
```

```fortran
C    IPUNKT..   1 = 0
C               2 = HT1, ANFANG
C               3 = HT1
C               4 = HT1, ENDE
C               5 = HT2, ANFANG
C               6 = HT2
C               7 = HT2, ENDE
C               8 = DZ/DT-GIPFEL
C               9 = DZ/DT-MIN 1
C              10 = DZ/DT-MIN 2
C    IERR       0 = KEIN FEHLER
C               1 = KEIN ABGRENZBARARER HERZTON
C               2 = GRENZE AM LINKEN RAND
C               3 = GRENZE AM RECHTEN RAND
C    JERR       1 = KEIN MAX IN DZ/DT
C               2 = STABILIZER-FEHLER
C               3 = KEIN DZ/DT, ANFANG
C               4 = 3 + HT ZU BREIT
C               5 = KEIN DZ/DT-MIN, ENDE
C               6 = 5 + HT ZU BREIT
C               7 = AMPLITUDE ZU KLEIN
      CALL DATSW(6,I6)
      GOTO(401,403),I6
  401 WRITE(MS,402) IPKT,NBUF(IP8),NBUF(IP9),IERR,JERR,
     1 IPAR(2),IPAR(3),IPAR(8),IPAR(9)
  402 FORMAT(' IKG',3X,20I5)
  403 CONTINUE

C  REST DES RR-ABSTANDS LESEN
      IF(NREST) 300,300,210
  210 CONTINUE
      CALL RPCHA(KAN(1))
      CALL RPDTS(NBUF,NREST)
      CALL RPCHA(KAN(2))
      CALL RPDTS(NBUF,NREST)
      CALL RPCHA(KAN(3))
      CALL RPDTS(NBUF,NREST)
  300 CONTINUE
C ENDE DER SCHLEIFE DER RR-ABSTAENDE----------------------

C  SCHLUSS-STUECK LESEN ZWECKS POSITIONIEREN DES
C  DATENZEIGERS FUER NAECHSTES AUSWERTESTUECK
      JRR=IABS(IRRO)
  335 CONTINUE
      IF(JRR) 350,350,340
  340 CONTINUE
      NDIM=MINO(JRR,261)
      CALL RPCHA(KAN(1))
      CALL RPDTS(NBUF,NDIM)
      CALL RPCHA(KAN(2))
      CALL RPDTS(NBUF,NDIM)
      CALL RPCHA(KAN(3))
      CALL RPDTS(NBUF,NDIM)
      JRR=JRR-NDIM
```

```fortran
      GOTO 335
  350 CONTINUE

  900 CONTINUE

C ENDBERECHNUNGEN DER PARAMETER
      DO 320  I=1,5
      Q(I)=Q(I)/N1
      S(I)=SQRT((S(I)-N1*Q(I)**2)/(N1-1))
  320 CONTINUE

      RETURN
      END
C==============================================================
```

# Kapitel 3: Peripherer Puls

Untersuchungen von peripheren Puls-Signalen gewinnen im Hinblick auf die Pulswellengeschwindigkeit (PWG) zunehmend an Bedeutung als zusätzliche Herz-Kreislauf-Größe, die bei manchen Fragestellungen die ungenauen und nur in größeren Abständen durchführbaren Messungen des Blutdrucks ersetzen können. Insbesondere bei intraindividuellen Betrachtungen wird in der Literatur eine gewisse Übereinstimmung von PWG und Blutdruck mitgeteilt. Aber auch Untersuchungen gewisser Pulsamplituden, so z. B. an Finger oder Zehen sind als Maß für die periphere Durchblutung gerade in Aktivierungs-Experimenten von Interesse.

Das vorliegende Programm wurde für einen Finger-Puls entwickelt, der über ein pneumatisches System gemessen wird, doch hat es sich auch bei Schläfen- und Femoralis-Pulsen mit Druckaufnehmern oder optoelektrischen Systemen bewährt, wobei die einzugebenden Schwellen-Parameter teilweise leicht verändert werden mußten.

## 3.1. Vermessung des Signals

Wie beim Impedanzkardiogramm verlangt das Programm die RR-Abstände, die zuvor aus dem EKG bestimmt wurden (s. ECG30). Ausgehend von der so festgelegten R-Zacke werden nun die Pulswellen nach folgenden Kriterien aufgesucht und vermessen:
– Zeitfenster für das Auftreten des Puls-Gipfels.
– Größe der Amplitude der Pulswelle.
– Steigung der Anstiegsflanke.
– Steigung der Abstiegsflanke.
– Krümmung der Pulswelle am Gipfel.
– Breite des Pulses als Zeit zwischen den steilsten Stellen der Anstiegs- und Abstiegsflanke.
– Es werden nur Pulswellen als richtig erkannt, wenn bereits vorher mindestens 2 Pulswellen nach den obigen Kriterien als gültig erkannt waren.

Mit diesen Kriterien konnten bei Laborversuchen sehr gute Ergebnisse erzielt werden. Insbesondere die Forderung nach mehreren gültigen Pulswellen in Folge eliminiert die häufig auftretenden Bewegungsartefakte nahezu vollständig, wobei allerdings einige Pulswellen „verschenkt" werden. Hier ist es daher besonders wichtig, die Schwellen-Parameter je nach Experiment und Interessenlage zu verändern, sodaß die hier angegebenen Werte nur vorsichtig benutzt werden sollten. Immerhin konnten mit dem hier vorliegenden Programm in nur geringer Abwandlung sogar Pulswellen in einem Feldversuch (mit tragbarem Datenerfassungs-System OXFORD) zumindest in Phasen mit nur langsamen Bewegungsabläufen (Sitzen, Gehen) ausgewertet werden (vgl. Höppner et al., 1983).


## 3.2. Kennwerte des peripheren Pulses


Das Programm PUL30 liefert drei Kennwerte jeweils als Mittelwerte, Standardabweichungen, mittlere absolute sukzessive Differenz und der Wurzel der mittleren Quadrate sukzessiver Differenzen, letztere zwei als Maß für schnelle Veränderungen:

- **Pulswellengeschwindigkeit** PWG, gemessen von der R-Zacke des EKG bis zum Ort der steilsten Steigung der Pulswellen-Anstiegsflanke. Dieser Ort ist im Gegensatz zum Gipfel sicherer zu bestimmen. Andere Möglichkeiten zur Ortsbestimmung sind Fünftel- oder Viertel-Punkte oder Schätzungen des Wendepunktes mittels Polynomial-Regression (vgl. Kap. 9.4). Auf diese Möglichkeiten soll hier jedoch lediglich hingewiesen werden. Wichtig bei allen Ortsbestimmungen ist lediglich, daß in einem steilen Teil der Pulskurve gemessen wird, um die Genauigkeit zu erhöhen.
- **Pulszeitverspätung** PZV als Zeit, die die Pulswelle vom Herzen bis zum peripheren Puls benötigt; gemessen gemäß PWG.
- **Pulsvolumenamplitude** PVA, gemessen als Amplitude des Pulswellen-Gipfels von einer geschätzten Basislinie aus.

```
Programm PUL30:
------------------


C * * * * * * * * * * * * * * * * * * * * * * * * * * * * * *
C                                                           *
C   P E R I P H E R E R     P U L S                         *
C                                                           *
C     AUFRUFLISTE..                                         *
C       IX     ARBEITSFELD DER LAENGE 261                   *
C       KAN    KANAL-NUMMER DER DATEN                       *
C       NULL   OFFSET                                       *
C       EICH   EICHFAKTOR                                   *
C       IRR    RR-ABSTAENDE AUS ECG30                       *
C       N      ANZAHL DER RR-ABSTAENDE                      *
C       IRRO   RESTSTUECK AM ENDE DER RR-ABSTAENDE          *
C       IPAR   SCHWELLENPARAMETER (ZEITEN IN 4 MSEC)        *
C              (DIE NICHT AUFGEFUEHRTEN PLAETZE WERDEN HIER *
C              NICHT BENUTZT)..                             *
C            2 ANZAHL GEFORDERTER GUELTIGER FOLGEPULSE       *
C              (NORMWERT=3)                                 *
C            3 ZEITFENSTER, UNTERE GRENZE (GLEITEND,        *
C              ANFANGSWERT=20)                              *
C            4 ZEITFENSTER, OBERE GRENZE (GLEITEND,         *
C              ANFANGSWERT=200)                             *
C            5 MITTLERE PVA (GLEITEND, ANFANGSWERT=30)      *
C            6 MITTLERE STEIGUNG ANSTIEGSFLANKE (GLEITEND,  *
C              ANFANGSWERT=25)                              *
C            7 MITTLERE STEIGUNG ABSTIEGSFLANKE (GLEITEND,  *
```

```fortran
C                     ANFANGSWERT=20)                               *
C            8 MITTLERE KRUEMMUNG (GLEITEND, ANFANGSWERT=90)        *
C            9 MITTLERE BREITE (GLEITEND, ANFANGSWERT=5)            *
C           10 FAKTOR FUER ABFRAGE DER PVA (NORMWERT=25)            *
C           11 FAKTOR FUER ABFRAGE DES ANSTIEGS (NORMW.=20)         *
C           12 FAKTOR FUER ABFRAGE DES ABSTIEGS (NORMW.=20)         *
C           13 FAKTOR FUER ABFRAGE DER KRUEMMUNG (NORMW.=33)        *
C           14 FAKTOR FUER ABFRAGE DER BREITE (NORMWERT=20)         *
C           16 'ZEITKONSTANTE' FUER GLEITENDE VERAENDERUNGEN        *
C              (NORMWERT=10)                                        *
C           17 SICHERHEIT FUER ZEITFENSTER-VERGROESSERUNG           *
C              (NORMWERT=5)                                         *
C           18 ABSTAND HERZ-PULSAUFNEHMER (CM)                      *
C      Q,S,ASD,QSD KENNWERTE DER AUSWERTUNG..PVA,PZV,PWG            *
C           (MITTELWERT, STD, MASD,MQSD) (AUSGABE)                  *
C      NPUL  ANZAHL GUELTIGER PULSE (AUSGABE)                       *
C                                                                   *
C * * * * * * * * * * * * * * * * * * * * * * * * * * * * * * * * * *

       SUBROUTINE PUL30(IX,KAN,NULL,EICH,IRR,N,IRR0,
      1                 IPAR,Q,S,ASD,QSD,NPUL)
       DIMENSION IX(261),IRR(40),IPAR(19),Q(3),S(3),ASD(3),QSD(3)
       DIMENSION PAR(5),JA(5),F(3),W(3),WN(3)
       EQUIVALENCE (PVA,W(1)),(PZV,W(2)),(PWG,W(3))
      1            ,(PVAN,WN(1)),(PZVN,WN(2)),(PWGN,WN(3))
C LOGICAL UNIT FUER KONTROLL-AUSDRUCK
       DATA MS/3/
C INITIALISIEREN
       NPUL=0
       KRIT=5
       DO 215  I=1,KRIT
  215 PAR(I)=IPAR(I+4)*0.1*IPAR(I+9)
       IF(N) 900,900,210
  210 CONTINUE
       F(1)=EICH
       F(2)=4.
       F(3)=IPAR(18)*.1

C DATENZEIGER POSITIONIEREN AUF ERSTE R-ZACKE
       CALL RPCHA(KAN)
       JRR=IABS(IRR(1))
  230 IF(JRR) 250,250,240
  240 NDIM=MIN0(JRR,261)
       CALL RPDTS(IX,NDIM)
       JRR=JRR-NDIM
       GOTO 230
  250 CONTINUE

C  A U S W E R T U N G
       CALL FVAL(0.,Q,3)
       CALL FVAL(0.,S,3)
       CALL FVAL(0.,QSD,3)
       CALL FVAL(0.,ASD,3)
       IU=IPAR(3)
```

```fortran
      IO=IPAR(4)
      IERR=IPAR(2)

C   SCHLEIFE DER RR-ABSTAENDE  --------------------------------
      DO 400  L=2,N
C LESEN DATENSTUECK EINES RR-ABSTANDES
      NDIM=MINO(IABS(IRR(L)),261)
      CALL RPDTS(IX,NDIM)
      IF(IRR(L)) 350,350,260
  260 CONTINUE
      IO=MINO(IO,NDIM)
      CALL IVAL(0,JA,5)
      KA=0
      KE=0

C   VERMESSUNG
      IER=0
C   SUCHEN DES MAXIMUMS
      CALL MAX99(IX(IU),IO-IU+1,MAX,IORT)
C   DARSTELLEN AUF DISPLAY
      CALL DIP11(2,0,NDIM,IX)
C   BASISLINIE
      IBAS=ISUMS(IX,16,1)/16
C   ZEITFENSTER ABFRAGEN
      IORT=IORT+IU-1
      IF(IORT-IU) 90,90,10
   10 IF(IORT-IO) 20,90,90
   20 CONTINUE
      JA(1)=MAX-IBAS
C   STEIGUNG, ANSTIEG
      KA=MAX0(IU,4)
      KE=MINO(IO,NDIM-2)
      MAX=0
      J=KA
      DO 40  I=KA,IORT
      JS=ISUMS(IX(I),3,1)-ISUMS(IX(I-3),3,1)
      IF(JS-MAX) 40,40,30
   30 J=I
      MAX=JS
   40 CONTINUE
      JA(2)=MAX
      KA=J
C   STEIGUNG, ABSTIEG
      MAX=0
      J=IORT
      DO 60  I=IORT,KE
      JS=ISUMS(IX(I-3),3,1)-ISUMS(IX(I),3,1)
      IF(JS-MAX) 60,50,50
   50 J=I
      MAX=JS
   60 CONTINUE
      JA(3)=MAX
      KE=J
C   KRUEMMUNG
```

```fortran
      JA(4)=IFXRF(FLOAT(JA(2)+JA(3))*30./FLOAT(KE-KA+1))
C  BREITE
      JA(5)=KE-KA
C  WEITERE MAXIMA SUCHEN ZUR ARTEFAKT-ERKENNUNG
      MAX=0
      IF(KA-10) 72,72,71
   71 MAX=MAXN(IX,KA-10)-IBAS
   72 IF(NDIM-KE-10) 74,74,73
   73 MAX=MAX0(MAX,MAXN(IX(KE+10),NDIM-KE-10)-IBAS)
   74 CONTINUE
      IF(MAX*4-JA(1)*3) 80,75,75
   75 IER=3
   80 CONTINUE
      GOTO 100
   90 IER=1
  100 CONTINUE

C   SCHWELLENABFRAGEN
      IF(IER) 275,275,125
  275 CONTINUE
      IER=2
      DO 110  I=1,KRIT
      IF(JA(I)-IPAR(I+4)) 125,110,110
  110 CONTINUE
      IER=0
      IERR=IERR-1
      IF(IERR) 120,120,130
  120 IERR=1
      GOTO 135
  125 IERR=IPAR(2)
      GOTO 135
  130 IER=4
  135 CONTINUE

C KONTROLL-AUSDRUCK, WENN SCHALTER GESETZT
      CALL DATSW(1,I)
      GOTO(150,160),I
  150 CONTINUE
      WRITE(MS,155) IER,(JA(I),IPAR(I+4),I=1,KRIT),
     1KA,IU,KE,IO,IERR,IPAR(2)
  155 FORMAT(' PU',3X,2015)
  160 CONTINUE
C   IER  =  0  O.K.
C           1  KEIN MAXIMUM GEFUNDEN
C           3  WEITERES MAXIMUM IM BEREICH
C           4  NOCH UNGENUEGEND FOLGE-PULSE

C  PARAMETER FORSTSCHREIBEN
      IF(IER) 180,165,180
  165 CONTINUE
      T=IPAR(16)
      DO 170  I=1,KRIT
      PAR(I)=(PAR(I)*(T-1.)+JA(I))/T
      IPAR(I+4)=IFXRF(PAR(I)*10./FLOAT(IPAR(I+9)))
```

```fortran
  170 CONTINUE
  175 CONTINUE
      IU=(IU+KA)/2-IPAR(17)
      IO=(IO+KE)/2+IPAR(17)
      GOTO 190
  180 CONTINUE
      IF(IER-4) 185,175,185
  185 CONTINUE
      IU=(IU+IPAR(3))/2
      IO=(IO+MINO(IPAR(4),IRR(L)))/2
  190 CONTINUE
      IORT=KA

C   SUMMATION
      PVAN=JA(1)
      PZVN=FLOAT(IORT)
      PWGN=25000./PZVN
      IF(IER) 310,310,309
  309 IF(IER-4) 326,320,326
  310 NPUL=NPUL+1
      DO 315  I=1,3
      Q(I)=Q(I)+WN(I)
      S(I)=S(I)+WN(I)**2
      QSD(I)=QSD(I)+(WN(I)-W(I))**2
      ASD(I)=ASD(I)+ABS(WN(I)-W(I))
  315 CONTINUE
  320 DO 325  I=1,3
  325 W(I)=WN(I)
  326 CONTINUE
  350 CONTINUE

C DATENZEIGER AUF NAECHSTE R-ZACKE POSITIONIEREN
      NREST=IABS(IRR(L))-NDIM
  360 IF(NREST) 400,400,370
  370 NDIM=MINO(261,NREST)
      CALL RPDTS(IX,NDIM)
      NREST=NREST-NDIM
      GOTO 360
  400 CONTINUE
C ENDE DER RR-ABSTANDS-SCHLEIFE   ----------------------------

C DATENZEIGER FUER NAECHSTEN AUSWERTEABSCHNITT
C POSITIONIEREN
      JRR=IABS(IRRO)
  430 IF(JRR) 450,450,440
  440 NDIM=MINO(JRR,261)
      CALL RPDTS(IX,NDIM)
      JRR=JRR-NDIM
      GOTO 430
  450 CONTINUE

  900 CONTINUE

C SCHLUSSBERECHNUNGEN DER KENNWERTE
```

```
      DO 420  I=1,3
      S(I)=SQRT((S(I)-Q(I)**2/NPUL)/(NPUL-1))*F(I)
      Q(I)=Q(I)/NPUL*F(I)
      ASD(I)=ASD(I)/NPUL*F(I)
      QSD(I)=SQRT(QSD(I)/NPUL)*F(I)
  420 CONTINUE

      RETURN
      END
C==============================================================
```

# Kapitel 4: Lidschlag

Eine Mitregistrierung des Lidschlags in Aktivierungsstudien ist aus mehreren Gründen
vorteilhaft: Die Häufigkeit von Lidschlägen kann als Aktivierungsindikator gelten,
wobei allerdings unterschiedliche visuelle Reizbedingungen zu berücksichtigen sind.
Eine Lidschlagaufzeichnung erlaubt ferner eine einfache Kontrolle darüber, ob die
Augen geschlossen oder geöffnet sind, auch wenn das Gesicht des Probanden nicht direkt beobachtbar ist. Eine solche Kontrolle ist insbesonders wichtig, wenn ein EEG
mitregistriert wird (vgl. Kapitel 7). Da Lidschläge sich im EEG zeigen, ist eine Kontrolle und eventuelle Ausschaltung von „Lidschlag-Artefakten" im EEG wünschens-
wert, und schließlich ist es für die Interpretation des Stirn-EMG interessant, wie stark
Lidschläge zur Erhöhung dieses Signals beitragen.
Der Lidschlag wird über eine vertikale Ableitung in der Mitte des Augapfels oberhalb
und unterhalb des Auges (M. orbicularis oculi) erfaßt. Elektroden und Verstärker ent-
sprechen der Ausstattung bei der EEG-Ableitung.

## 4.1. Erkennung eines Lidschlags

Zur Berechnung der Lidschlag-Frequenz muß eine Formerkennung der Lidschläge
durchgeführt werden. Folgende Form-Parameter werden (in der angegebenen Rei-
henfolge) abgefragt:

4.1.1. **Amplitude:** Auslenkung des Signals aus seinem momentanen Mittelwert; der
momentane Mittelwert berechnet sich als Mittelwert über diejenigen Werte, deren
Amplituden im Band $(-80, +80)$ Rechner-Einheiten um den einfachen Mittelwert liegen. Die Grenz-Amplitude wird mit einer „Zeitkonstanten" von 15 Lidschlägen indivi-
duell und situativ angepaßt (vgl. Einleitung).
4.1.2. **Halbwertsbreite:** Zeit vom ersten Wert halber Amplitude bis zum letzten Wert
halber Amplitude; die Grenzbreite wird gleitend angepaßt (s. o.).
4.1.3. Maximalsteigung der **Anstiegsflanke,** berechnet aus je drei Werten gemittelt;
die Grenzsteigung wird gleitend angepaßt (s. o.).
4.1.4. Maximalsteigung der **Abstiegsflanke,** berechnet aus je drei Werten gemittelt;
die Grenzsteigung wird gleitend angepaßt (s. o.).
4.1.5. **Krümmung** = Summe der Steigungen. Grenzwert gleitend (s. o).
4.1.6. **Breite** des relativen Maximums: Abstand der größten Steigungen (4.1.3.) und
(4.1.4.). Grenzwert fest.

4.1.7. **Abstiegsform:** Dabei sollen echte Lidschläge von raschen Augenbewegungen oder Muskelzuckungen unterschieden werden. Bei letzteren liegt eine Art Sprung-funktion vor, das Signal fällt anschließend mit der am Verstärker eingestellten Zeit-konstanten auf 0 ab. Berechnet wird der mittlere absolute Abstand der Lidschlagkurve von der theoretischen Sprungfunktions-Kurve über mindestens 20 msec. Grenzwert fest in Rechner-Einheiten.

4.1.8. **Mindestabstand** zum vorhergehenden Lidschlag; für Grenzwert ist auf 80 msec festgelegt. Weitere Schwellen zur Erkennung von Mehrfach-Lidschlägen werden ge-setzt für die Amplituden- und Zeit-Differenz vom erkannten Lidschlag zum folgenden Wendepunkt des Signals (feste Grenzwerte).


## 4.2. Kennwerte des Lidschlag-Signals


4.2.1. **Lidschlagfrequenz.** Variabilitäts-Maße über längere Zeitintervalle lassen sich aus den Einzelfrequenzwerten berechnen. Ein zweites Frequenzmaß erhält man, wenn man das Kriterium (4.1.8.) außer Acht läßt, also auch Mehrfach-Lidschläge einzeln zählt.

4.2.2. **Lidschlag-Amplitude.** Es liegen die Mittelwerte und Standardabweichungen für die Amplituden mit und ohne Kriterium (4.1.8.) vor.

4.2.3. **Globalaktivität:** Außer den eher „klassischen" Kennwerten wird ein Maß für die Gesamt-Aktivität des Lidschlag-Signals berechnet, gemessen als mittlere absolute Ab-weichung vom Mittelwert über jeweils eine Sekunde (erstes zentrales Moment). Von diesem Kennwert liegen Mittelwert, Standardabweichung, mittlere absolute sukzes-sive Differenz und Wurzel des mittleren Quadrats sukzessiver Differenzen vor, alle be-rechnet aus den Sekundenwerten.

```
Programm LID30:
----------------


C * * * * * * * * * * * * * * * * *   * * * * * * * * * * * * *  *
C                                                                *
C   AUSWERTUNG    L I D S C H L A G                              *
C                                                                *
C     AUFRUFLISTE..                                             *
C     NBUF      ARBEITSFELD DER LAENGE 250                      *
C     NBLOK     ZU VERARBEITENDE BLOECKE (2 SEK.)               *
C     IPAR      SCHWELLENPARAMETER (ZEITEN IN 4 MSEC)..         *
C        1      INVERTIERUNG DES SIGNALS, WENN NICHT =0         *
C        2      SCHWELLE FUER BASISLINIE (NORMWERT=80)          *
C        3      BREITE (GLEITEND, ANFANGSWERT=100)              *
C        4      AMPLITUDE (GLEITEND, ANFANGSWERT=40)            *
C        5      KRUEMMUNG (GLEITEND, ANFANGSWERT=200)           *
C        6      ANSTIEGS-STEIGUNG (GLEITEND, ANFANGSWERT=10)    *
C        7      ABSTIEGS-STEIGUNG (GLEITEND, ANFANGSWERT=10)    *
C        8      ABSTAND ZUM VORIGEN LIDSCHLAG (NORMWERT=20)     *
C        9      BREITE DES RELATIVEN MAXIMUMS (NORMWERT=4)      *
C       10      LAENGE DER PRUEFSTRECKE BEI SPRUNGFUNKTION      *
```

```fortran
C                (NORMWERT=30)                                        *
C          11    ZEITKONSTANTE DES GERAETE-FILTERS (MSEC)             *
C          12    ZULAESSIGE ABWEICHUNG VON SPRUNG-FUNKTION            *
C                (NORMWERT=3)                                         *
C          13    FAKTOR FUER BREITEN-ABFRAGE (NORMWERT=20)            *
C          14    FAKTOR FUER AMPLITUDEN-ABFRAGE (NORMWERT=250)        *
C          15    FAKTOR FUER KRUEMMUNGS-ABFRAGE (NORMWERT=400)        *
C          16    FAKTOR FUER ANSTIEGS-ABFRAGE (NORMWERT=250)          *
C          17    FAKTOR FUER ABSTIEGS-ABFRAGE (NORMWERT=333)          *
C          18    GRENZAMPLITUDE WENDEPUNKT - MAXIMUM (NORMW.=2)       *
C          19    GRENZZEIT WENDEPUNKT - MAXIMUM (NORMWER=2)           *
C     KAN       KANAL-NUMMER DES SIGNALS                              *
C     NULL      OFFSET                                                *
C     EICH      EICHFAKTOR                                            *
C     OUT       KENNWERTE (AUSGABE)..                                 *
C          1    GLOBALAKTIVITAET MITTELWERT                           *
C          2                     STANDARDABWEICHUNG                   *
C          3                     MASD                                 *
C          4                     MQSD                                 *
C          5    AMPLITUDE MITTELWERT                                  *
C          6              STANDARDABWEICHUNG                          *
C          7    AMPLITUDE MIT MEHRFACH-SCHLAEGEN MITTELWERT           *
C          8                                    STANDARDABW.          *
C          9    LIDSCHLAGFREQUENZ                                     *
C          10   LIDSCHLAGFREQUENZ MIT MEHRFACH-SCHLAEGEN              *
C                                                                     *
C * * * * * * * * * * * * * * * *  * * * * * * * * * * * * * *

      SUBROUTINE LID30(NBUF,NBLOK,IPAR,KAN,NULL,EICH,OUT)
      DIMENSION NBUF(250),IPAR(19),OUT(10)
      DIMENSION PAR(5),IWRT(5),Q(4),S(4)
      EQUIVALENCE (IBR,IWRT(1)),(IAMP,IWRT(2)),(KRU,IWRT(3)),
     1(MAN,IWRT(4)),(MAB,IWRT(5))

C LOGICAL UNIT FUER KONTROLLAUSDRUCK
      DATA MS/3/
C MISSING-DATA-WORT (KONVENTION)
      DATA IBL/-32767/
C ABFRAGEPARAMETER
      DATA KPAR/5/
C KENNWERTE
      DATA KENNW/4/

C INITIALISIERUNGEN
      N1=0
      N2=0
      LE=0
      DELTA=EXP(-4./FLOAT(IPAR(11)))
      CALL RPCHA(KAN)
      LE=NBLOK*4
      CALL FVAL(0.,Q,KENNW)
      CALL FVAL(0.,S,KENNW)
      DO 20  I=1,KPAR
   20 PAR(I)=IPAR(I+2)
```

```fortran
C   ANFANGS-STUECK LESEN
      IALT=IBL
      I=40
      L=2
      CALL RPDTS(NBUF,250)
      IF(IPAR(1)) 30,40,30
   30 CALL INVRT(NBUF,250)
   40 CONTINUE
C  KONTROLL-DARSTELLUNG AUF DISPLAY
      CALL DIP11(2,0,250,NBUF)
C GLOBALAKTIVITAET IM ANFANGSSTUECK
C UND BASIS-LINIE
      IBASE=0
      IAM=0
      JBASE=ISUMS(NBUF,250,5)/50
      DO 50  J=1,250,2
      JAM=NBUF(J)-JBASE
      IAM=IAM+IABS(JAM)
      IF(IABS(JAM)-IPAR(2)) 50,50,45
   45 JAM=0
   50 IBASE=IBASE+JAM
      IBASE=IBASE/125+JBASE
      IAM=IAM/125
C SUMMATIONS-UEBERLAUF
      IAM=IAM+MIN0(IAM,0)/IAM*262
C SUMMIEREN
      Q(1)=Q(1)+IAM
      S(1)=S(1)+FLOAT(IAM)**2
      IAMA=IAM

C AUSWERTUNG IN SEKUNDEN-STUECKEN  -----------------------------
  100 I=I+1
      IF(I-200) 140,140,110
C   LESEN NEUES DATENSTUECK
  110 CONTINUE
      IF(IALT-IBL) 111,112,111
  111 IALT=IALT-125
  112 CONTINUE
      I=I-125
      CALL ICOPY(NBUF(126),NBUF,125)
      IF(L-LE) 130,300,300
  130 CONTINUE
      CALL RPDTS(NBUF(126),125)
      L=L+1
      IF(IPAR(1)) 135,136,135
  135 CALL INVRT(NBUF(126),125)
  136 CONTINUE
C   KONTROLL-DARSTELLUNG AUF DISPLAY
      CALL DIP11(2,0,250,NBUF)
C   GLOBAL-AKTIVITAET UND BASIS-LINIE
      IBASE=0
      IAM=0
      JBASE=ISUMS(NBUF,250,5)/50
      DO 60  J=1,250,2
```

```
      JAM=NBUF(J)-JBASE
      IAM=IAM+IABS(JAM)
      IF(IABS(JAM)-IPAR(2)) 60,60,55
   55 JAM=0
   60 IBASE=IBASE+JAM
      IBASE=IBASE/125+JBASE
      IAM=IAM/125
C SUMMATIONS-UEBERLAUF
      IAM=IAM+MINO(IAM,0)/IAM*262
C SUMMATION
      Q(1)=Q(1)+IAM
      S(1)=S(1)+FLOAT(IAM)**2
      Q(2)=Q(2)+IABS(IAM-IAMA)
      S(2)=S(2)+FLOAT(IAM-IAMA)**2
      IAMA=IAM

C   FORM-ERKENNUNGEN
C   SUCHEN RELATIVES MAXIMUM
  140 CONTINUE
      IF(NBUF(I)-IBASE-IPAR(4)) 100,100,141
  141 CONTINUE
      IU=I-IPAR(9)
      IF(NBUF(I)-NBUF(IU)) 100,100,145
  145 IO=I+IPAR(9)
      IF(NBUF(I)-NBUF(IO)) 100,100,150
  150 CONTINUE
      CALL MAX99(NBUF(IU),IO-IU,IAMP,IORT)
      I=MAX0(I,IORT+IU-1)
C   AUFSTIEGS-STEIGUNG
      MAN=0
      JAN=I
      JA=IPAR(9)+6
      DO 160  J=JA,I
      JJ=I-J+1
      IAN=ISUMS(NBUF(JJ+3),3,1)-ISUMS(NBUF(JJ),3,1)
      IF(IAN-MAN) 165,155,155
  155 MAN=IAN
      JAN=JJ+3
  160 CONTINUE
      GOTO 100
  165 CONTINUE
      IF(MAN-IPAR(6)) 100,100,166
  166 CONTINUE
      IF(NBUF(I)-NBUF(JAN)-IPAR(18)) 100,167,167
  167 CONTINUE
      IF(I-JAN-IPAR(19)) 100,168,168
  168 CONTINUE
C   ABSTIEGS-STEIGUNG
      MAB=0
      JAB=I
      JA=I+IPAR(9)
      DO 175  J=JA,245
      IAB=ISUMS(NBUF(J),3,1)-ISUMS(NBUF(J+3),3,1)
      IF(IAB-MAB) 130,170,170
```

```
  170 MAB=IAB
      JAB=J+2
  175 CONTINUE
      GOTO 100
  180 CONTINUE
      IF(MAB-IPAR(7)) 100,100,181
  181 CONTINUE
      IF(NBUF(I)-NBUF(JAB)-IPAR(18)) 100,182,182
  182 CONTINUE
      IF(JAB-I-IPAR(19)) 100,183,183
  183 CONTINUE
C   BREITE, KRUEMMUNG
      IBR=JAB-JAN
      KRU=(MAB+MAN)*100/(IBR+1)
      IF(KRU-IPAR(5)) 229,229,190
  190 CONTINUE
      IAMP=NBUF(I)-IBASE
      JGREN=NBUF(I)-IAMP/3
      JJ=JAN
      DO 405  J=6,JAN
      JJ=JJ-1
      IF(NBUF(JJ)-JGREN) 410,410,405
  405 CONTINUE
      GOTO 229
  410 JAN=JJ
      DO 415  J=JAB,245
      IF(NBUF(J)-JGREN) 420,420,415
  415 CONTINUE
      GOTO 229
  420 IBR=J-JAN
      IF(IBR-IPAR(3)) 185,229,229
  185 CONTINUE
C   ABFRAGE AUF SPRUNGFUNKTION
      JA=I+3
      JE=MINO(JAB+7,JA+IPAR(10))
      EXAM=NBUF(JA-1)-NULL
      SUM=0.
      DO 196  J=JA,JE
      EXAM=EXAM*DELTA
  196 SUM=SUM+ABS(EXAM-FLOAT(NBUF(J)-NULL))
      JSS=IFXRF(SUM/FLOAT(JE-JA+1))

C KONTROLL-AUSDRUCK, WENN SCHALTER GESETZT
      CALL DATSW(2,IDRK)
      GOTO(191,195),IDRK
  191 CONTINUE
      WRITE(MS,192) L,I,JAN,JAB,IAMP,IPAR(4),NBUF(JAN),NBUF(JAB),
     1MAN,IPAR(6),MAB,IPAR(7),KRU,IPAR(5),IBR,IPAR(3),JSS,IPAR(12)
  192 FORMAT(' LID',3X,18I5)
  195 CONTINUE
      IF(JSS-IPAR(12)) 229,200,200
  200 CONTINUE

C  PIK GEFUNDEN, FORTSCHREIBEN PARAMETER
```

```fortran
      DO 205  J=1,KPAR
      PAR(J)=(PAR(J)*14.+IWRT(J)*100./IPAR(J+12))/15.
      IPAR(J+2)=IFXRF(PAR(J))
  205 CONTINUE

C   SUMMATION AMPLITUDEN
      N2=N2+1
      Q(4)=Q(4)+IAMP
      S(4)=S(4)+FLOAT(IAMP)**2
      IF(IALT-IBL) 210,220,210
  210 CONTINUE
      IF(I-IALT-IPAR(8)) 230,220,220
  220 CONTINUE
      N1=N1+1
      Q(3)=Q(3)+IAMP
      S(3)=S(3)+FLOAT(IAMP)**2
  230 IALT=I
  229 CONTINUE
      I=JAB
      GOTO 100
C ENDE DER FORM-ERKENNUNGHEN   ----------------------------

C   SCHLUSS-BERECHNUNGEN
  300 CONTINUE
      OUT(1)=Q(1)/LE*EICH
      OUT(2)=SQRT((S(1)-LE*Q(1)**2)/(LE-1))*EICH
      OUT(3)=Q(2)/LE*EICH
      OUT(4)=SQRT(S(2)/LE)*EICH
      OUT(5)=Q(3)/N1*EICH
      OUT(6)=SQRT((S(3)-N1*Q(3)**2)/(N1-1))*EICH
      OUT(7)=Q(4)/N2*EICH
      OUT(8)=SQRT((S(4)-N2*Q(4)**2)/(N2-1))*EICH
      OUT(9)=FLOAT(N1)/FLOAT(LE)*240.
      OUT(10)=FLOAT(N2)/FLOAT(LE)*240.

      RETURN
      END
C===============================================================
```

# Kapitel 5: Elektrodermale Aktivität (EDA)

Unter den von Psychophysiologen verwendeten Biosignalen ist die hautelektrische Aktivität wohl am stärksten verbreitet. Werden die methodischen Probleme bei der Erfassung beherrscht, so können gerade Kennwerte des Herz-Kreislauf-Systems durch EDA-Variable sinnvoll ergänzt werden, da hautelektrische Veränderungen besonders gut phasische Aktivierungsprozesse bei Reizverarbeitung anzeigen und bereits bei niedrigen Aktivierungsgraden als Indikatoren einsetzbar sind.
EDA-Signale können als aktive Messungen (Haut-Potentiale) oder als passive Messungen (Haut-Leitwert oder -Widerstand) abgeleitet werden. Hautpotentiale sind besonders schwierig zu parametrisieren, da vielfältige Formen oder Spontanaktivität auftreten (ein- und mehrphasige Reaktionen). Die Entwicklung von Analyse-Programmen auf diesem Gebiet steht in unserer Gruppe noch am Anfang und kann gegebenenfalls zu einem späteren Zeitpunkt vorgestellt werden. Passive Signale können als Leitwerte oder als Widerstände vorliegen, entsprechend existieren Aufnahmegeräte für Konstant-Spannungs- und Konstant-Strom-Messungen. Da in unserer Gruppe vorzugsweise Leitwerte gemessen werden, sind hier die Auswerte-Routinen auf dieses Signal beschränkt. Um jedoch auch Anwendern die Benutzung zu ermöglichen, die Widerstandsmessungen vorliegen haben, werden in einem weiteren Abschnitt Programme zur Umwandlung von Widerstands-in Leitwert-Signale mitgeteilt.
Eine wesentliche Schwierigkeit von EDA-Signalen hat ihren Grund in der Forderung, einerseits Level-Werte mit großen Schwankungen (u. a. zeitliche Trends), andererseits Spontanreaktionen mit vergleichsweise kleinen Amplituden, beide mit ausreichender Genauigkeit, zu messen. Bei Vorliegen von zwei freien Registrierkanälen kann das Signal in einen DC-Anteil (Level) und einen AC-Anteil (Spontanreaktionen) elektrisch geteilt und getrennt registriert werden. Eine Registrierung in nur einem Kanal erfordert dagegen eine geeignete elektrische Vorverarbeitung, wie sie z. B. die Firma Beckman anbietet (9842-Coupler). Dabei wird ein AC-Signal registriert, dem die Mittelwerte der DC-Kurve als Pulsabstände aufgelagert sind. Eine Möglichkeit zur Einkanal-Widerstandmessung wurde von H. B. Brinkhus und W. v. Walter im Rahmen des Forschungsprojektes „Streßbewältigung am Arbeitsplatz. Bewältigung von beruflichen Belastungen (BMFT: 01 VD 187-AA-TAP 0016)“ entwickelt, das auf dem Prinzip der Gleichstrom-Brückenschaltung basiert und die Meßbereiche mit Hilfe automatischer „Nullpunkt-Verschiebungen“ kontrolliert. Auf die Auswertung solcher Signale wird im zweiten Abschnitt eingegangen.

## 5.1. Einkanal-Leitwert-Messung

Im Programm EDA30 werden zunächst die Code-Pulse der DC-Mittelwerte erkannt, verarbeitet und beseitigt. Das verbleibende AC-Signal wird anschließend nach Spontanreaktionen abgesucht.

### 5.1.1. Erkennung und Vermessung von Spontanreaktionen (SCR)

Bei Überschreitung einer Grenz-Steigung wird nachfolgend die Maximalsteigung der SCR aufgesucht (**Wendepunkt**). Von diesem ausgehend wird rückwärts der **Fußpunkt** der SCR bestimmt als der Ort, an dem die Steigung unter einen Prozentsatz der Maximalsteigung absinkt. Vom Wendepunkt vorwärts wird der **Gipfelpunkt** der SCR gesucht (relatives Maximum). Nimmt die Steigung wieder zu, ohne daß ein Gipfel erreicht wurde (überlagerte SCR), so wird anhand des Abstands der Sekante zwischen zwei benachbarten Wendepunkten zur Kurve entschieden, ob tatsächlich eine überlagerte SCR vorliegt. Liegt ein Gipfel vor, so kann außerdem ein Kennwert der Abfall-Geschwindigkeit geschätzt werden. Die Schwellenwerte sind alle fest und beziehen sich auf die geeichte Kurve (mikroSiemens*100).

### 5.1.2. Kennwerte des EDA-Signals

Folgende Kennwerte werden vom Programm EDA30 jeweils als Mittelwert und Standardabweichung berechnet:
- **SCL** Skin Conductance Level, berechnet aus Code-Pulsen.
- **SCR** Skin Conductance Reaction, berechnet als Mittelwert und Standardabweichung der AC-Kurve.
- **Amplitude** der Spontanreaktionen als Differenz zwischen Gipfel- und Fußpunkt-Wert.
- **Aufstiegszeit** der Spontanreaktionen, gemessen vom Fußpunkt bis zum Gipfelpunkt.
- **Maximalsteigung** der Spontanreaktionen (am Wendepunkt).
- **Halbe Abstiegszeit** der Spontanreaktionen, gemessen vom Gipfelpunkt bis zu dem Punkt der Kurve, wo die halbe Amplitude das erste Mal unterschritten wird.

Außerdem werden noch die folgenden zwei Einzelwerte bestimmt:
- **SCR-Frequenz** (Anzahl Spontanreaktionen pro Minute).
- **Integralmaß** = SCR-Frequenz * SCR-Amplitude.

```
Programm EDA30:
---------------


C* * * * * * * * * * * * * * * * * * * *   *  * * *
C                                                 *
C    AUSWERTUNG    E  D  A                         *
C                                                 *
C  AUFRUFLISTE..                                  *
C    IX       ARBEITFELD DER LAENGE 26.1          *
```

```fortran
C     NBLOK   ZU VERARBEITENDE BLOECKE (2 SEK)                    *
C     IPAR    SCHWELLENPARAMETER (ZEITEN IN 4 MSEC, AMPLI-        *
C             TUDEN UND STEIGUNGEN IN 1/100 MY-SIE)               *
C          1 GRENZWERT DER CODE-PULSE (NORMWERT 50 RE)            *
C          2 HOECHSTBREITE DER CODE-PULSE (NORMWERT 8)            *
C          3 GRENZSTEIGUNG FUER SCR-BEGINN (NORMWERT 20)          *
C          4 MINDESTAMPLITUDE (NORMWERT 100)                      *
C          5 PROZENT DER MAXIMALSTEIGUNG FUER FUSSPUNKT           *
C            (NORMWERT 10)                                        *
C          6 MINDESTABSTAND DER SEKANTE ZUR ENTSCHEIDUNG          *
C            MEHRFACH-SCR (NORMWERT 50)                           *
C          7 MAXIMALE HALBE ABSTIEGSZEIT (NORMWERT 1000           *
C            ENTSPRICHT 10 MSEC)                                  *
C          8 UNTERER DC-WERT (NORMWERT 150)                       *
C          9 OBERER DC-WERT (NORMWERT 6000)                       *
C      10-12 GERAETE-KONSTANTEN ZUR UMRECHNUNG DER                *
C            CODE-PULS-ABSTAENDE IN LEITWERTE                     *
C            (NORMWERTE 908, 5235, 6021)                          *
C         13 MAXIMAL ZULAESSIGE AENDERUNG DER CODE-PULS-          *
C            ABSTAENDE IN PROZENT DES VORANGEGANGENEN             *
C            ABSTANDS (NORMWERT 20)                               *
C         14 LETZTER CODE-PULS-ORT (INITIALWERT -32767)           *
C         15 LETZTER CODE-PULS-ABSTAND (INITIALW. -32767)         *
C     KAN     KANAL-NUMMER DES SIGNALS                            *
C     NULL    OFFSET                                              *
C     EICH    EICHFAKTOR                                          *
C     IZW     FELD DER LAENGE 125 ALS ZWISCHENSPEICHER            *
C             (INITIAL IZW(1)=-32767)                             *
C     IAUS    AUSGABEFELD DER LAENGE 14                           *
C          1 DC-MITTELWERT (SCL) (1/100 MY-SIE)                   *
C          2 DC-STANDARDABWEICHUNG (1/100 MY-SIE)                 *
C          3 AC-MITTELWERT (1/100 MY-SIE)                         *
C          4 AC-STANDARDABWEICHUNG (SCR) (1/100 MY-SIE)           *
C          5 AMPLITUDE, MITTELWERT (1/100 MY-SIE)                 *
C          6 AMPLITUDE, STANDARDABW. (1/100 MY-SIE)               *
C          7 AUFSTIEGSZEIT, MITTELW. (1/100 SEK.)                 *
C          8 AUFSTIEGSZEIT, STANDARDABW. (1/100 SEK.)             *
C          9 STEIGUNG, MITTELWERT (1/100 MY-SIE/SEK.)             *
C         10 STEIGUNG, STANDARDABW. (1/100 MY-SIE/SEK.)           *
C         11 HALBE ABSTIEGSZEIT, MITTELWERT (1/100 SEK.)          *
C         12 HALBE ABSTIEGSZEIT, STANDARDABW. (1/100 SEK)         *
C         13 FREQUENZ (ANZAHL/MINUTE)                             *
C         14 INTEGRALMASS (10**-4 MY-SIE/MINUTE)                  *
C     N       FELD DER LAENGE 6 MIT N DER MITTELWERTE             *
C             IN IAUS(1,3,5,7,9,11)                               *
C             (BENOETIGT ZUR BILDUNG VON GESAMT-MITTELWER-        *
C             TEN UND -STANDARDABWEICHUNGEN)                      *
C                                                                 *
C * * * * * * * * * * * * * * * * * * * * * * * *  * * * * *

      SUBROUTINE EDA30(IX,NBLOK,IPAR,KAN,NULL,EICH,IZW,IAUS,N)
      DIMENSION IX(261),IPAR(15),IZW(125),IAUS(14),N(6)
      DIMENSION Q(6),S(6),IOUT(4)
```

```fortran
C   LOGICAL UNIT FUER KONTROLLAUSDRUCK
      DATA MS/3/
C   MISSING-DATA-SCHLUESSEL
      DATA IBL/-32767/
C   ABTASTZEIT NACH REDUKTION DER DATEN (MSEC)
C    (VIELFACHES VON 8)
      DATA IDT/80/
C   ZU BILDENDE KENNWERTE
      DATA KENNW/6/

C   INITIALISIERUNGEN
      KEND=IDT/8
      EICH10=EICH*10./FLOAT(KEND)
      A=IPAR(10)*.0001
      B=IPAR(11)+IPAR(12)*.0001
      PROZ=IPAR(5)*.01
      HGRE=IPAR(6)*.1
      CALL FVAL(0.,Q,KENNW)
      CALL FVAL(0.,S,KENNW)
      CALL IVAL(0,N,KENNW)
      LE=NBLOK*4
      CALL RPCHA(KAN)
      CALL RPDTS(IX(12),125)
      L=1
      IF(IPAR(14)-IBL)209,213,209
  209 CONTINUE
      IPAR(14)=IPAR(14)-125
      IO=IPAR(14)+IPAR(2)+11
      IF(IO-12) 213,211,211
  211 CONTINUE
      DO 212 J=12,IO
  212 IX(J)=IX(IO+1)
  213 CONTINUE
      I=14
      J=137
      K=0
      IENDE=136-IPAR(2)
      CALL IVAL(0,IX(137),125)

C  DATEN SAMMELN (125 REDUZIERTE WERTE OHNE CODE-PULSE)
  400 I=I+2
      IF(I-IENDE) 230,230,220
  220 IF(L-LE) 221,500,500
  221 CONTINUE
C   LESEN NEUES DATENSTUECK
      CALL ICOPY(IX(126),IX,11)
      CALL RPDTS(IX(12),125)
      L=L+1
      IF(L-LE) 223,222,222
  222 IENDE=134
  223 CONTINUE
      I=I-125
      IF(IPAR(14)-IBL) 225,230,225
  225 IPAR(14)=IPAR(14)-125
```

```fortran
  230 CONTINUE
C   CODE-PULSE ERKENNEN UND ENTFERNEN
      IF(IABS(IX(I)-IX(I+1))+IABS(IX(I+1)-IX(I+2))
     1          -IPAR(1)) 305,305,240
  240 IF(IPAR(14)-IBL) 245,244,245
  244 IPAR(14)=I
      GOTO 300
  245 IT=I-IPAR(14)
      IPAR(14)=I
      DC=(250./IT-A)*B*EICH
C   ABFRAGEN DC-WERT UND CODE-PULS-ABSTAND
      IF(DC-IPAR(8)) 280,250,250
  250 IF(DC-IPAR(9)) 255,255,280
  255 CONTINUE
      IF(IPAR(15)-IBL) 260,270,260
  260 CONTINUE
      IDIFF=IFXRF(FLOAT(IABS(IT-IPAR(15)))/FLOAT(IPAR(15))*100.)
      IF(IDIFF-IPAR(13)) 270,270,271
  271 CONTINUE
      IF(IT-IPAR(15)) 273,272,272
  272 CONTINUE
      IPAR(14)=IBL
      IPAR(15)=IBL
      GOTO 300
  273 CONTINUE
      IPAR(14)=I-IT
      GOTO 300
  270 CONTINUE
C   SUMMATION DC-WERT
      Q(1)=Q(1)+DC
      S(1)=S(1)+DC**2
      N(1)=N(1)+1
  280 CONTINUE
      IPAR(15)=IT
  300 CONTINUE
C   REDUZIERTER WERT KORRIGIEREN
      IU=I-2
      IO=I+IPAR(2)
      IW=(IX(IU-1)+IX(IO+1))/2
      IF(I-136+IPAR(2)) 282,281,281
  281 IW=IX(IU-1)
  282 CONTINUE
      IF(K) 296,296,290
  290 JO=I-1
      DO 295  II=IU,JO,2
  295 IX(J)=IX(J)+IW-IX(II)
  296 CONTINUE
C   CODE-PULS ENTFERNEN
      IO=MIN0(IO,136)
      DO 285  II=IU,IO
  285 IX(II)=IW
C   REDUKTION DER AC-KURVE, EICHUNG, SUMMATION
  305 CONTINUE
      IX(J)=IX(J)+IX(I)
```

```fortran
      K=K+1
      IF(K-KEND) 400,310,310
  310 CONTINUE
      IX(J)=IFXRF(FLOAT(IX(J)-NULL*KEND)*EICH10)
      Q(2)=Q(2)+IX(J)
      S(2)=S(2)+FLOAT(IX(J))**2
      N(2)=N(2)+1
      J=J+1
      K=0
      IF(J-261) 400,400,340
C  ENDE EINES 10-SEKUNDEN-STUECKES
  500 IF(K) 320,320,330
  320 IX(J)=IX(J-1)
      GOTO 340
  330 IX(J)=IFXRF((FLOAT(IX(J))*KEND/K-FLOAT(NULL*KEND))
     1               *EICH10)
  340 CONTINUE
      J=J-136
      J=MINO(J,125)
      CALL ICOPY(IX(137),IX(126),J)
      IF(IZW(1)-IBL) 360,350,360
  350 CONTINUE
      CALL ICOPY(IX(126),IX,J)
      IEND=J
      IANF=1
      GOTO 370
  360 CONTINUE
      CALL ICOPY(IZW,IX,125)
      IEND=125+J
      IANF=126
  370 CONTINUE
      CALL ICOPY(IX(126),IZW,125)
C  KONTROLL-DARSTELLUNG AUF X-Y-SCHREIBER
      CALL DIP11(2,-4,IEND,IX)

C  VERMESSUNG VON SPONTANREAKTIONEN AN DER REDUZIERTEN
C  AC-KURVE
C  IOUT=AUSGABEFELD MIT JEWEILS ORT, AMPLIT., AUFSTIEGSZEIT,
C        MAX.STEIGUNG EINER SPONTANREAKTION
C  I0  = SCR-ANFANG
C  I1  = ORT DER MAXIMALEN STEIGUNG
C  I2  = FUSSPUNKT
C  I3  = ORT DER SCR (GIPFEL)
C  I4  = ORT DES HALBEN ABSTIEGS
      NN=IEND-1
      L=0
C  SUCHEN 1. MINIMUM
      DO 20  I=2,NN
      IF(IX(I+1)-IX(I-1)-IPAR(3)) 30,20,20
   20 CONTINUE
      GOTO 50
   30 IA=I
C  BEGINN EINER SCR
   40 I=IA
```

```
      IF(I-NN) 60,60,50
   60 IA=IA+1
      IF(IX(I+1)-IX(I-1)-IPAR(3)) 40,70,70
   70 I0=I
C  MAXIMALSTEIGUNG
      DO  80   J=I0,NN
      IF(IX(J+1)-2*IX(J)+IX(J-1)) 90,80,80
   80 CONTINUE
      GOTO 50
   90 I1=J
C  FUSSPUNKT
      M2=IFXRF(PROZ*FLOAT(IX(I1+1)-IX(I1-1)))
      I2=I1
      DO 100   J=I0,I1
      I2=I2-1
      IF(IX(I2+1)-IX(I2-1)-M2) 110,110,100
  100 CONTINUE
  110 N2=IX(I2)
C   ORT UND AMPLITUDE (ZEIT FUSSPUNKT-GIPFEL BEGRENZT
C   AUF 6 SEKUNDEN)
      NNN=MIN0(NN,I1+6000/IDT)
      DO 140   J=I1,NNN
      I3=J
      IF(IX(J+1)-IX(J-1)) 150,120,120
  120 IF(IX(J+1)-2*IX(J)+IX(J-1)) 140,140,130
C  MEHRFACH-SCR PRUEFEN
  130 S13=FLOAT(IX(I3)-IX(I1))/FLOAT(I3-I1)
      HK=1.0/SQRT(1.0+S13**2)
      PHES=S13*I3-IX(I3)
      DO 135   JJ=I1,I3
      HESSE=ABS(IX(JJ)-S13*JJ+PHES)*HK
      IF(HESSE-HGRE) 135,135,150
  135 CONTINUE
  140 CONTINUE
      IA=MAX0(I3+1,IA)
      GOTO 40
C  SCR ERKANNT
  150 IA=MAX0(I3,IA)
      I3=I3-1
      N3=IX(I3)
      IF(N3-N2-IPAR(4)) 40,155,155
  155 CONTINUE
C  ABSTIEGS-ZEIT
      IW=(N2+N3)/2
      DO 160   J=I3,NN
      IF(IX(J)-IW) 165,165,160
  160 CONTINUE
      J=376
  165 I4=J
C  SPEICHERN DER SCR
      IOUT(1)=(N3-N2)/10
      IOUT(2)=(I3-I2)*(IDT/10)
      IOUT(3)=IFXRF(FLOAT(IX(I1+1)-IX(I1-1))*50./FLOAT(IDT))
      IOUT(4)=(I4-I3)*(IDT/10)
```

```
C  KONTROLL-AUSDRUCK, WENN SCHALTER GESETZT
       CALL DATSW(3,IGO)
       GOTO (170,180),IGO
 170 WRITE(MS,175) I3,IOUT
 175 FORMAT(' EDA',3X,5I5)
 180 CONTINUE

C  SUMMATION
       IF(I3-IANF) 195,185,185
 185 CONTINUE
       DO 190  I=1,3
       Q(I+2)=Q(I+2)+IOUT(I)
       S(I+2)=S(I+2)+FLOAT(IOUT(I))**2
 190 N(I+2)=N(I+2)+1
 195 CONTINUE
       IF(I4-IANF) 420,410,410
 410 IF(IOUT(4)-IPAR(7)) 415,415,420
 415 Q(6)=Q(6)+IOUT(4)
       S(6)=S(6)+FLOAT(IOUT(4))**2
       N(6)=N(6)+1
 420 CONTINUE
       GOTO 40
  50 CONTINUE

C  LADEN DES AUSGABE-FELDES
 900 CONTINUE
       CALL IVAL(IBL,IAUS,12)
       CALL IVAL(0,IAUS(5),2)
       CALL IVAL(0,IAUS(9),2)
       L=0
       DO 450  I=1,KENNW
       L=L+2
       IF(N(I)-1) 450,440,430
 430 IAUS(L)=IFXRF(SQRT((S(I)-Q(I)**2/N(I))/FLOAT(N(I)-1)))
 440 IAUS(L-1)=IFXRF(Q(I)/N(I))
 450 CONTINUE
       IAUS(13)=N(3)*(120/LE)
       IAUS(14)=IFXRF(Q(3)*120./LE)

       RETURN
       END
C==================================================================
```

## 5.2. Einkanal-Widerstands-Messung

Die hier verwendete Einkanal-Widerstands-Messung löst das Problem der ausreichenden Auflösung bei hoher Dynamik dadurch, daß das Widerstands-Signal bei Über- oder Unterschreitung gewisser Schwellen einen definierten Sprung in Richtung der elektrischen Nullinie durchführt. Die Sprunghöhe wird zugleich zur Eichung des Signals verwendet.

Das Programm EDA11 bildet aus dem Signal auf 80 msec Abtastzeit reduzierte DC-Kurven des Widerstands. Um mit den in 5.1 dargestellten Ergebnissen vergleichbar zu sein, wird die Widerstands-Kurve durch Kehrwertbildung und softwaremäßige AC-Kopplung in eine AC-Leitwert-Kurve umgewandelt und auf einem Platten-File abgelegt. Von dort aus können nun Vermessungen der Spontanreaktionen entsprechend dem in EDA30 dargestellten Programmteil „VERMESSUNG VON SPONTANREAKTIONEN" vorgenommen werden. Da die Vermessungen völlig analog verlaufen, wird hier auf diesen Teil der Auswertung verzichtet, der Anwender wird leicht ein eigenes Unterprogramm aus EDA30 entwickeln können. Das Programm EDA11 benötigt zur Anwendung den aktuellen Widerstand zu Beginn eines jeden Auswertestücks, Gerätekonstanten sind hier der Einfachheit halber in Data-Anweisungen gespeichert.

```
Programm EDA11:
---------------


C * * * * * * * * * * * * * * * * * * * * * * * * * * * * *
C                                                         *
C     AUSWERTUNG   E D A   (WIDERSTANDSMESSUNG)           *
C                                                         *
C     AUFRUFLISTE..                                       *
C        IX     DATENFELD DER LAENGE 100 (ORIGINAL-DATEN) *
C        IY     DATENFELD DER LAENGE 125 (REDUZIERTE KURVE) *
C        NBLOK  ZU VERARBEITENDE BLOECKE (2 SEK.)         *
C        KAN    KANAL-NUMMER                              *
C        NULL   OFFSET                                    *
C        OHM    SPRUNGHOEHE IN KILO-OHM                   *
C        IT     ZEITKONSTANTE FUER AC-KOPPLUNG (MSEC)     *
C        DCW    ANFAENGLICHER DC-WERT IN KILO-OHM         *
C        IFILE  LOGICAL UNIT FUER ABSPEICHERFILE (AC-KURVEN) *
C               ALS SATZLAENGE EMPFIEHLT SICH 125 WORTE   *
C        JFILE  SATZZAEHLER FUER FILE IFILE (WIRD AUTOMATISCH *
C               WEITERGEZAEHLT,   W I C H T I G )         *
C        OUT    MITTELWERTE VON DC, AC, STANDARDABWEICHUNG VON *
C               AC (LEITWERTE IN MYKRO-SIEMENS*100)       *
C        IER    FEHLERANZEIGER (IER=1 WENN KURVE FEHLERHAFT) *
C                                                         *
C * * * * * * * * * * * * * * * * * * * * * * * * * * * * *
      SUBROUTINE EDA11(IX,IY,NBLOK,KAN,NULL,OHM,IT,DCW,
     1              IFILE,JFILE,OUT,IER)
      DIMENSION IX(100),IY(125),OUT(3)
      DIMENSION IDCW(25)

C MISSING-DATA-WORT UND LOGICAL UNIT FUER KONTROLLAUSDRUCKE
      DATA IBL,MS/-32767,3/
C DIGITALER MAXIMALWERT
      DATA IEICH/500/

C INITIALISIERUNGEN
```

```fortran
      IER=0
      IOHM=OHM
      KDCW=IFXRF(DCW/OHM)*IOHM
      DCW=DCW-NULL*OHM/IEICH
      CALL RPCHA(KAN)
      SINT=0.
      OUT(1)=0.
      OUT(2)=0.
      OUT(3)=0.
      IZS=NBLOK/10
      JFILE=1
      MAB=0

C VERARBEITUNG DES SIGNALS IN STUECKEN ZU 10 SEKUNDEN
      DO 20   IZ=1,IZS
C   DATEN HOLEN
      J=0
      DO 10   L=1,25
      IF(IABS(IEICH-480)-31) 37,37,36
   36 IEICH=500
   37 CONTINUE
      CALL RPDTS(IX,100)
      IF(IZ+L-2) 38,38,39
   38 IXALT=IX(1)
      JXALT=IXALT
   39 CONTINUE
C SPRUNG ERKENNEN UND AUSGLEICHEN
      IDCW(L)=0
      NAB=100
      CALL SPRNG(IX,NAB,IXALT,IDCW(L),IEICH)
      MAB=MAB+NAB-1
      KDCW=KDCW+IFXRF(FLOAT(IDCW(L))/FLOAT(IEICH))*IOHM
      IXALT=ISUMS(IX(91),10,1)/10
      IXALT=IXALT-IDCW(L)
      JXALT=MAXN(IX(96),5) - IDCW(L)
      IA=1
      DO 10   I=1,5
      J=J+1
      IY(J)=ISUMS(IX(IA),20,2)
   10 IA=IA+20
C ENDE EINES 10-SEKUNDEN-STUECKS
C KONTROLL-DARSTELLUNG AUF X-Y-SCHREIBER
      CALL DIP11(1,-6,125,IY)
C   EICHUNG DER REDUZIERTEN WIDERSTANDSKURVE
C   UND UMWANDLUNG IN LEITWERT-KURVE
      CALL TREIC(IY,125,IDCW,OHM/IEICH,DCW)
C   SUMMATION DER DC-WERTE
      SUM=0.
      DO 9   I=1,125,5
    9 SUM=SUM+FLOAT(IY(I))
      OUT(1)=OUT(1)+(SUM/25.)
C   AC-KOPPLUNG DER REDUZIERTEN DC-KURVE
      IF(IZ-1) 11,11,12
   11 IX0=IY(1)
```

```fortran
   12 CONTINUE
      CALL ZEICO(IY,125,IT,80,IX0,SINT)
C  FEHLERHAFTE KURVE
      IF(MAXFE(IY,125)-1600) 32,33,33
   33 IER=1
   32 CONTINUE
C KONTROLLAUSDRUCK DER AC-KURVE, WENN SCHALTER GESETZT
      CALL DATSW(5,I5)
      GOTO(12196,12197),I5
12196 CONTINUE
      WRITE(MS,12195) IZ
12195 FORMAT('0AC, ZS-NR',I5)
      WRITE(MS,12194) IY
12194 FORMAT(1X,20I6)
12197 CONTINUE
C  KONTROLL-DARSTELLUNG DER AC-KURVE AUF X-Y-SCHREIBER
      CALL DIP11(1,-2,125,IY)
C  SUMMATION DER AC-WERTE UND ABSPEICHERUNG
      OUT(2)=OUT(2)+ISUMS(IY,125,5)/25
      OUT(3)=OUT(3)+SUMI2(IY,125,5)
      WRITE(IFILE'JFILE) (IY(I),I=1,125)
   20 CONTINUE
C  ENDE DER AUSWERTUNG

C  ENDBERECHNUNGEN
      OUT(1)=OUT(1)/IZS
      OUT(2)=OUT(2)/IZS
      S=OUT(3)
      OUT(3)=SQRT((S-IZS*25.*OUT(2)**2)/(IZS*25.-1.))
      DCW=KDCW

      RETURN
      END
C---------------------------------------------------------------

C***    EDA-SPRUNGAUSGLEICH   ***

      SUBROUTINE SPRNG(IX,N,IXALT,IADD,IEICH)
C  IX(N)   FELD
C  IXALT   ALTER LEVELWERT
C  IADD    GESAMTSPRUNGHOEHE (OUTPUT)
C  IEICH   EICHWERT = LETZTE SPRUNGHOEHE IN RECHNEREINHEITEN
      DIMENSION IX(1)
      DATA IG,ID/400,5/
C  IG  GRENZWERT FUER SPRUNGERKENNUNG IN RE
C  ID  SPRUNGLAENGE IN EINHEITEN DER ABTASTRATE
C      = ANSTIEGSZEIT DES SPRUNGS
      SEICH=IEICH
      NEICH=1
      DO 20  I=1,N
      IX(I)=IX(I)+IADD
      IS=IX(I)-IXALT
      IF(IABS(IS)-IG) 14,14,9
    9 CONTINUE
```

```fortran
      IF(IS-IG) 12,12,11
   11 JE=MINO(N,I+ID)
      IS=IX(JE)+IADD-IXALT
      IEICH=IS
      SEICH=SEICH+IEICH
      NEICH=NEICH+1
      IADD=IADD-IEICH
      IX(I)=IX(I)-IS
      JA=MAXO(1,I-ID)
      DO 31  J=JA,JE
   31 IX(J)=IXALT
      I=JE
      IF(JE-N) 14,21,21
   12 IF(-IS-IG) 14,14,13
   13 JE=MINO(N,I+ID)
      IS=IX(JE)+IADD-IXALT
      IEICH=-IS
      SEICH=SEICH+IEICH
      NEICH=NEICH+1
      IADD=IADD+IEICH
      IX(I)=IX(I)-IS
      JA=MAXO(1,I-ID)
      DO 32  J=JA,JE
   32 IX(J)=IXALT
      I=JE
      IF(JE-N) 14,21,21
   14 J=I-ID
      IF(J) 20,20,15
   15 IXALT=IX(J)
   20 CONTINUE
   21 CONTINUE
      IEICH=IFXRF(SEICH/NEICH)
      N=NEICH
      RETURN
      END
C-----------------------------------------------------------------

C***   EICHUNG UND WANDLUNG VON WIDERSTAND IN LEITWERT   ***

      SUBROUTINE TREIC(IY,N,IDCW,EICH,DCW)
C  IY(N)   DATENFELD
C  IDCW    ADDITIVE TERME INNERHALB JEWEILS 400 MSEC FUER IY
C  EICH    BEDEUTUNG DES SPRUNGS IN KOHM
C  DCW     DC-WERT (AM ANFANG ABGELESEN)
      DIMENSION IY(1)
      DIMENSION IDCW(1)
C  IY HAT FAKTOR 10 WEGEN SUMMATION VON JE 10 WERTEN
      P=EICH*0.1
      I=0
      LE=(N+4)/5
      DO 20  L=1,LE
      DO 10  J=1,5
      I=I+1
   10 IY(I)=IFXRF(100000./(IY(I)*P+DCW))
```

```fortran
      DCW=DCW+IDCW(L)*EICH
   20 CONTINUE
      RETURN
C  DATEN JETZT IN EINHEITEN VON 10 NANO-SIEMENS
      END
C-------------------------------------------------------------------


C***    EXPONENTIAL SMOOTHING  (UMWANDLUNG DC IN AC)    ***
C MODELL   AC(T)=INTEGRAL( DC'(S)*EXP(-(T-S)/ZEITKONST)*DS )
C (VON 0 BIS T).

      SUBROUTINE ZEICO(IX,N,IT,IDT,IX0,F)
C  IX(N)   DATENFELD
C  IT      ZEITKONSTANTE IN MSEC
C  IDT     ABTASTRATE IN MSEC
C  IX0     ANFANGSWERT DES SIGNALS
C  F       ANFANGSWERT DES INTEGRALS (GEWOEHNLICH =0.)
      DIMENSION IX(1)
      AL=EXP(-FLOAT(IDT)/FLOAT(IT))
      B=(1.+AL)*.5
      DO 10  I=1,N
      IX1=IX(I)
      F=AL*F+B*(IX1-IX0)
      IX(I)=IFXRF(F)
   10 IX0=IX1
      RETURN
      END
C-------------------------------------------------------------------


C***   QUADRATSUMME EINES FELDES    ***
      FUNCTION SUMI2(IX,N,ISP)
      DIMENSION IX(1)
      S=0.
      DO 10  I=1,N,ISP
      CALL MDWR(IX(I),IX(I),Q)
   10 S=S+Q
      SUMI2=S
      RETURN
      END
C===================================================================
```

# Kapitel 6: Atmung

Die Atmung gehört zu den langsamen Signalen. Daher werden die mit 4 msec digitalisierten Originaldaten zunächst durch Mittelung auf 80 msec Abtastzeit reduziert. Dieser Programmteil enthält keinerlei Schwierigkeiten und wird hier nicht dargestellt. Die folgenden Unterprogramme gehen also von einer Atemkurve in einem Feld aus.
Die Parametrisierung von Atemkurven, die über Brust- und Bauchmanschetten erfaßt wurden, haben häufig große Bewegungsartefakte und eine hohe Dynamik. Eine einfache Vermessung mit Nulldurchgangs-Verfahren ist daher oft stark artefaktbehaftet. Überdies muß die Verarbeitung überlappt vorgenommen werden, d. h. es muß immer ein erheblich längeres Kurvenstück verfügbar sein als wirklich vermessen wird. Als vergleichbar sicheres Verfahren, das nur das tatsächlich zu parametrisierende Kurvenstück verlangt, bietet sich eine Spektralanalyse an. Sie wurde in unserer Gruppe in mehreren Studien erprobt und mit herkömmlichen Verfahren verglichen. Die Ergebnisse bezüglich Atemfrequenz und Gesamtaktivität der Atmung waren in ungestörten Kurven durchweg mit denen einer einfachen Vermessung vergleichbar, in gestörten Kurven, die von Artefaktkontrollen nicht eliminierten wurden, stimmte die Atemfrequenz besser mit dem Augenschein an Registrierstreifen überein. In einem ersten Abschnitt wird eine solche Spektralanalyse vorgestellt. Der zweite Abschnitt enthält eine Vermessung mit Nulldurchgangs-Verfahren, und ein dritter Abschnitt stellt eine Vermessung für eine Atemkurve vor, die mit einer Atem-Maske registriert wurde und nur die Exspiration oder nur die Inspiration aufzeichnet (Messung des Strömungs-Integrals).

## 6.1. Spektralanalyse eines Pneumogramms

### 6.1.1. Erstellen des Spektrums

Das Programm FFT30 verlangt eine Kurve mit 125 Datenpunkten, das sind bei 80 msec Abtastzeit gerade 10 Sekunden, und berechnet hierfür das relative Powerspektrum. Da für eine FFT 128 Datenpunkte verlangt werden, wird die Kurve an den Rändern ergänzt und mit einem Gauß-Fenster belegt.

Programm FFT30:
---------------

```
C * * * * * * * * * * * * * * * * * * * * * * * * * * * * * * *
C  F F T - P R O G R A M M                                    *
C   FUER 128 STUETZSTELLEN.                                    *
C   INPUT..   IGAUS = PARAMETER FUER GAUSS-FENSTER             *
C             IGAUS=0, DANN KEIN FENSTER ANLEGEN               *
C             IGAUS SONST = ABFALLGESCHWINDIGKEIT IN EIN-      *
C             HEITEN VON PI/10 (NORMWERT = 35)                 *
C             NBUF =  ZEITREIHE DER LAENGE 125                 *
C   OUTPUT.. RELATIVES POWER-SPEKTRUM IN NBUF (LAENGE 32)      *
C            GESAMT-POWER-WERT IN S                            *
C                                                              *
C * * * * * * * * * * * * * * * * * * * * * * * * * * * * * * *

      SUBROUTINE FFT30(IGAUS,NBUF,S)
      DIMENSION NBUF(128)
      DIMENSION AREAL(128),AIMAG(128)
C PROBLEMGROESSE (N=2**M)
      DATA M,N/7,128/

C ERGAENZEN DER KURVE AN DEN RAENDERN
      DO 30  I=1,125
      J=127-1
   30 NBUF(J)=NBUF(J-1)
      NBUF(1)=NBUF(2)*2-NBUF(3)
      NBUF(127)=NBUF(126)*2-NBUF(125)
      NBUF(128)=NBUF(126)*2-NBUF(124)
C GAUSS-FENSTER MIT PARAMETER ALPHA
      IF(IGAUS) 55,55,45
   45 CONTINUE
      AL=-0.5*(FLOAT(IGAUS)*0.1/63.5)**2
      DO 50  I=1,64
      WN=EXP(AL*(FLOAT(I)-0.5)**2)
      II=65-I
      NBUF(II)=IFXRF(FLOAT(NBUF(II))*WN)
      II=64+I
      NBUF(II)=IFXRF(FLOAT(NBUF(II))*WN)
   50 CONTINUE
   55 CONTINUE

C KONTROLLDARSTELLUNG AUF X-Y-SCHREIBER
      CALL DIP11(1,-4,128,NBUF)

C  LADEN ZEITREIHE
      DO 105  I=1,N
      AREAL(I)=NBUF(I)
  105 AIMAG(I)=0.

C  FFT-ALGORITHMUS
      PI=3.14159265358979
      NHALB=N/2
      NM1=N-1
      J=1
      DO 80 I=1,NM1
      IF(I-J) 60,65,65
```

```fortran
   60 TREAL=AREAL(J)
      AREAL(J)=AREAL(I)
      AREAL(I)=TREAL
      TIMAG=AIMAG(J)
      AIMAG(J)=AIMAG(I)
      AIMAG(I)=TIMAG
   65 K=NHALB
   70 IF(K-J) 75,80,80
   75 J=J-K
      K=K/2
      GOTO 70
   80 J=J+K
      LL=1
      DO 90 L=1,M
      LLALT=LL
      LL=LL+LL
      UREAL=1.0
      UIMAG=0.0
      OMEGA=PI/FLOAT(LLALT)
      WREAL=COS(OMEGA)
      WIMAG=SIN(OMEGA)
      DO 90 J=1,LLALT
      DO 85 I=J,N,LL
      IOBEN=I+LLALT
      TREAL=AREAL(IOBEN)*UREAL-AIMAG(IOBEN)*UIMAG
      TIMAG=AREAL(IOBEN)*UIMAG+AIMAG(IOBEN)*UREAL
      AREAL(IOBEN)=AREAL(I)-TREAL
      AIMAG(IOBEN)=AIMAG(I)-TIMAG
      AREAL(I)=AREAL(I)+TREAL
      AIMAG(I)=AIMAG(I)+TIMAG
   85 CONTINUE
      URALT=UREAL
      UREAL=URALT*WREAL-UIMAG*WIMAG
      UIMAG=URALT*WIMAG+UIMAG*WREAL
   90 CONTINUE

C  RELATIVES POWER-SPEKTRUM UND GESAMTPOWER
      S=0.
      N4=N/4
      DO 110  I=2,N4
      AREAL(I)=AREAL(I)**2+AIMAG(I)**2
  110 S=S+AREAL(I)
      S10=1000./S
      DO 115  I=2,N4
  115 NBUF(I)=IFXRF(AREAL(I)*S10)
      NBUF(1)=IFXRF(AREAL(1)*0.5)
      S=S/FLOAT(N)*2.
      RETURN
      END
C=============================================================
```

## 6.1.2. Vermessung des relativen Powerspektrums

Das folgende Programm ATM31 sucht im relativen Power-Spektrum die Vorzugsfrequenz innerhalb gewisser Grenzen als Atemfrequenz. Bei Vorliegen zweier relativer Maxima innerhalb der angegebenen Grenzen wird mithilfe von früher berechneten

Atemfrequenzen das plausibelste ausgewählt. Das Restspektrum außerhalb eines Bandes um die Atemfrequenz wird als Artefaktparameter und als Maß für die Atemunregelmäßigkeit verwendet. Aus der Gesamtpower des Spektrums läßt sich ein Maß für die Gesamtaktivität der Atmung gewinnen.

Kennwerte der Atmung:
- **Atemfrequenz** als Vorzugsfrequenz des Powerspektrums innerhalb eines vorgegebenen Bandes;
- **Gesamtaktivität** der Atmung als Wurzel aus der geeichten Gesamtpower der Atemkurve;
- **Atemunregelmäßigkeit** als relative Power des Restspektrums außerhalb des Bandes Atemfrequenz +/−0.2 Hertz.

Programm ATM31:
```
C * * * * * * * * * * * * * * * * * * * * * * * * * * * * * * * * *
C                                                                 *
C     VERMESSUNG DES POWERSPEKTRUMS EINER ATEMKURVE (10 SEK.)     *
C                                                                 *
C     AUFRUFLISTE..                                               *
C       NBUF  = RELATIVES POWERSPEKTRUM, LAENGE 32 (INPUT)        *
C       S     = GESAMTPOWER (INPUT)                               *
C       EICH  = EICHWERT FUER GESAMTAKTIVITAET                    *
C       IAFMI = MINIMALE ATEMFREQUENZ (NORMWERT 2 AZ/10SEC)       *
C       IAFMA = MAXIMALE ATEMFREQUENZ (NORMWERT 13 AZ/10SEC)      *
C       IRSA  = MAXIMALE REL.POWER RESTSP. (NORMWERT 650 PROM.)   *
C       IFAT  = VERGLEICHS-ATEMFREQUENZ, WIRD GLEITEND VER-       *
C               AENDERT (INITIALWERT =5 AZ/10SEC ODER =0)         *
C       IOUT  = AUSGABEFELD                                       *
C          1    ATEMFREQUENZ (AZ/10MIN)                           *
C          2    GESAMTPOWER (BENUTZEREINHEITEN)                   *
C          3    ATEMUNREGELMAESSIGKEIT (PROMILL)                  *
C                                                                 *
C * * * * * * * * * * * * * * * * * * * * * * * * * * * * * * * * *

      SUBROUTINE ATM31(NBUF,S,EICH,IAFMI,IAFMA,IRSA,IFAT,IOUT)
      DIMENSION NBUF(32),IOUT(3)

C MISSING-DATA-WORT  (KONVENTION)
      DATA IBL/-32767/

C SUCHEN RELATIVES MAXIMUM IM SPEKTRUM VON IAFMI BIS IAFMA
      NBUF(1)=0
      CALL VORZ1(NBUF,IAFMI,IAFMA,IAF)
      IF(IAF) 20,20,25
C KEIN RELATIVES MAXIMUM GEFUNDEN
   20 IOUT(1)=IBL
      IOUT(2)=IBL
      IOUT(3)=IBL
      GOTO 65
C SUCHEN WEITERES RELATIVES MAXIMUM
   25 IF(IFAT) 50,50,30
```

```fortran
   30 I=MAX0(2,IAF-1)
      JMAX=IAF+2-I
      IF(ISUMS(NBUF(I),JMAX,1) - 600) 35,35,55
   35 CALL VORZ1(NBUF,IAF+1,IAFMA,JMAX)
      IF(JMAX) 55,55,40
   40 IF(IABS(IAF-IFAT) -IABS(JMAX-IFAT)) 55,55,45
   45 IAF=JMAX
      GOTO 55
   50 FAT=IAF
C KENNWERTE BESTIMMEN
   55 IOUT(2)=IFXRF(SQRT(S)*EICH)
      Q=IAF+.5-FLOAT(NBUF(IAF)-NBUF(IAF+1))/
     1FLOAT(2*NBUF(IAF)-NBUF(IAF-1)-NBUF(IAF+1))
      J=Q+2.99
      JMAX=Q-3.99
      IRS=0
      IF(JMAX) 57,57,56
   56 IRS=ISUMS(NBUF(2),JMAX,1)
   57 IOUT(3)=IRS+ISUMS(NBUF(J),33-J,1)
      IF(IOUT(3)-IRSA) 60,20,20
   60 IOUT(1)=IFXRF((Q-1.)*60./1.024)

C VERGLEICHS-ATEMFREQUENZ FORTSCHREIBEN
      FAT=(FAT*3.+Q)*.25
      IFAT=IFXRF(FAT)
   65 CONTINUE

      RETURN
      END
C-------------------------------------------------------------------

C***    BESTIMMEN DER VORZUGSFREQUENZ IN EINEM ***
C***    POWER-SPEKTRUM.                         ***
C     LPOW = POWERSPEKTRUM
C     IFA, IFE SUCHBEREICH
C     IMAX = VORZUGSFREQUENZ (AUSGABE)

      SUBROUTINE VORZ1(LPOW,IFA,IFE,IMAX)
      DIMENSION LPOW(1)
      MAX=0
      IMAX=0
      DO 10  J=IFA,IFE
      Q=FLOAT(LPOW(J)-LPOW(J-1))*FLOAT(LPOW(J)-LPOW(J+1))
      IF(Q) 10,10,20
   20 IF(MAX-LPOW(J)) 30,10,10
   30 MAX=LPOW(J)
      IMAX=J
   10 CONTINUE
      RETURN
      END
C================================================================
```

## 6.2. Vermessung einer Atemkurve durch Nulldurchgangsverfahren

Direkte Vermessung von Atemkurven haben den Vorteil leicht verständlicher und problembezogener Kennwerte, sowie eines geringeren Speicherbedarfs und schnellerer Verarbeitung. Dabei muß jedoch besonderer Wert auf artefaktfreie Registrierung gelegt werden, da einzelne Punkte für die Bestimmung der Kennwerte ausschlaggebend sind. Außerdem muß jeweils ein längeres Kurvenstück verfügbar sein, als tatsächlich ausgewertet wird (überlapptes Arbeiten).
Das Programm SPIR1 schätzt durch gleitende Mittelung über einen mittleren Atemzug eine Nullinie. Der Range über das gesamte Datenstück liefert eine relative Grenzamplitude (p*range), die von der Kurve ausgehend von der Nullinie über- oder unterschritten werden muß. Zwei benachbarte Nullstellen müssen außerdem eine gewisse Grenzzeit überschreiten (p*mittlere Atemzugzeit).
Kennwerte der Vermessung sind Inspirations- und Exspirationszeit und -amplitude, sowie inspiratorische und exspiratorische Pausen als diejenigen Zeiten, in denen das Signal oberhalb bzw. unterhalb (1-p) mal der inspiratorischen bzw. exspiratorischen Amplitude verbleibt. Als sekundäre Kennwerte können hieraus die Gesamtamplitude und die Atemfrequenz berechnet werden.

```
Programm SPIR1:
---------------


C* * * * * * * * * * * * * * * * * * * * * * * * * * * * * * * *
C                                                              *
C    AUSWERTUNG EINER ATEMKURVE (NULLDURCHGANGSVERFAHREN)      *
C                                                              *
C  AUFRUFLISTE..                                               *
C    IX      FELD DER KURVE, LAENGE N                          *
C    IA,IE ANFANGS- UND ENDPUNKT DES TATSAECHLICHEN ZU VER-    *
C          MESSENDEN KURVENSTUECKS                             *
C    IAZ   MITTLERE ATEMZUGZEIT (IN ABTASTPUNKTEN)             *
C          WIRD ZUR NULLINIENBESTIMMUNG BENOETIGT, EVTL.       *
C          ZUVOR MIT FFT BESTIMMEN                             *
C    P     PARAMETER FUER SCHWELLEN (NORMWERT 0.2)             *
C    A     AUSGABEFELD DER LAENGE 10                           *
C       1    SUMME AMPLITUDE, INSPIRATION                      *
C       2    SUMME AMPLITUDE**2, INSPIRATION                   *
C       3    SUMME INSPIRATIONS-ZEIT                           *
C       4    SUMME INSPIRATIONS-ZEIT**2                        *
C       5    SUMME INSPIRATORISCHE PAUSE                       *
C       6    SUMME AMPLITUDE, EXPIRATION                       *
C       7    SUMME AMPLITUDE**2, EXPIRATION                    *
C       8    SUMME EXPIRATIONS-ZEIT                            *
C       9    SUMME EXPIRATIONS-ZEIT**2                         *
C      10    SUMME EXPIRATORISCHE PAUSE                        *
C    NIN,NEX ANZAHL DER SUMMANDEN FUER INSPIRATION UND         *
C            EXPIRATION                                        *
C                                                              *
C* * * * * * * * * * * * * * * * * * * * * * * * * * * * * * * *
```

```fortran
      SUBROUTINE SPIR1(IX,N,IA,IE,IAZ,P,A,NIN,NEX)
      DIMENSION IX(1),A(10)

C  GRENZZEIT FUER ZWEI BENACHBARTE NULLSTELLEN
      JAZ=IAZ/10
C  RANGE BESTIMMEN
      MAX=0
      MIN=0
      DO 5  I=1,N
      MAX=MAX0(MAX,IX(I))
    5 MIN=MIN0(MIN,IX(I))
      KA=MAX0(IA,2)
      KE=MIN0(N-1,IE)
      NEX=0
      NIN=0
      CALL FVAL(0.,A,10)
C  ERSTER MITTELWERT
      M=MIN0(IAZ,N)
      Q=0.
      DO 10  I=1,M
   10 Q=Q+IX(I)
      IQ=IFXRF(Q/M)
      MAXI=IFXRF((MAX-IQ)*P)
      MINI=IFXRF((MIN-IQ)*P)
C  ERSTE NULLSTELLE
      IH=M/2
      ISIG=0
      IMIN=0
      IMAX=0
      IN=0
      DO 50  I=1,N
      IF(I-IH) 25,25,15
   15 JU=I-IH
      IF(I+IH-N) 20,20,25
   20 JO=I+IH
      Q=Q+FLOAT(IX(JO)-IX(JU))
      IQ=IFXRF(Q/M)
   25 CONTINUE
      IF(IX(I)-IQ) 35,50,30
   30 IF(ISIG) 40,45,50
   35 IF(ISIG) 50,45,40
   40 IN=I
      Q0=Q
   45 ISIG=IX(I)-IQ
      IF(IN) 50,50,55
   50 CONTINUE
      IF(IN) 210,210,55
   55 IF(IN-KE) 60,210,210

C  AUSWERTUNG ZWISCHEN IA UND IE
   60 KA=IN+1
      Q=Q0
```

```
      IGO=ISIG
      IHN=IH-N
      DO 200   I=KA,KE
      IF(I-IH) 75,75,65
   65 JU=I-IH
      IF(I+IHN) 70,70,75
   70 JO=I+IH
      Q=Q+FLOAT(IX(JO)-IX(JU))
      IQ=IFXRF(Q/M)
   75 JSIG=IX(I)-IQ
      IF(JSIG) 110,200,80
   80 IF(ISIG) 90,140,140
   90 CONTINUE
C  POSITIVER NULLDURCHGANG
      IF(IGO) 91,91,140
   91 CONTINUE
      IF(I-IN-JAZ) 140,92,92
   92 CONTINUE
      MIN=10000
      JMIN=IN
      DO 100   J=IN,I
      IF(IX(J)-MIN) 95,100,100
   95 MIN=IX(J)
      JMIN=J
  100 CONTINUE
      IF(MIN-IQ+MINI) 105,105,140
  105 IGO=1
      IMIN=JMIN
      I1=IN
      IN=I
      IF(IMIN-IA) 140,106,106
  106 CONTINUE
      IF(IMAX) 140,140,107
  107 NEX=NEX+1
      ID=IFXRF(FLOAT(IQ-MIN)*(1.-P))
      DO 108   J=I1,IN
      JSIG=IQ-IX(J)
      IF(JSIG-ID) 108,109,109
  108 CONTINUE
  109 I1=J
      DO 111   J=I1,IN
      JSIG=IQ-IX(J)
      IF(JSIG-ID)   112,112,111
  111 CONTINUE
  112 ID=J-I1
      A(1)=A(1)+IQ-MIN
      CALL MDWR(MIN-IQ,MIN-IQ,Q0)
      A(2)=A(2)+Q0
      A(3)=A(3)+IMIN-IMAX
      CALL MDWR(IMIN-IMAX,IMIN-IMAX,Q0)
      A(4)=A(4)+Q0
      A(5)=A(5)+ID
      GOTO 140
C  NEGATIVER NULLDURCHGANG
```

```fortran
  110 IF(ISIG) 140,140,115
  115 IF(IGO) 140,120,120
  120 MAX=-10000
      IF(I-IN-JAZ) 140,121,121
  121 CONTINUE
      JMAX=IN
      DO 130  J=IN,I
      IF(IX(J)-MAX) 130,130,125
  125 MAX=IX(J)
      JMAX=J
  130 CONTINUE
      IF(MAX-IQ-MAXI) 140,135,135
  135 IGO=-1
      IMAX=JMAX
      I1=IN
      IN=I
      IF(IMAX-IA) 140,140,136
  136 CONTINUE
      IF(IMIN) 140,140,137
  137 NIN=NIN+1
      ID=IFXRF(FLOAT(MAX-IQ)*(1.-P))
      DO 138  J=I1,IN
      JSIG=IX(J)-IQ
      IF(JSIG-ID) 138,139,139
  138 CONTINUE
  139 I1=J
      DO 141  J=I1,IN
      JSIG=IX(J)-IQ
      IF(JSIG-ID) 142,142,141
  141 CONTINUE
  142 ID=J-I1
      A(6)=A(6)+MAX-IQ
      CALL MDWR(MAX-IQ,MAX-IQ,Q0)
      A(7)=A(7)+Q0
      A(8)=A(8)+IMAX-IMIN
      CALL MDWR(IMAX-IMIN,IMAX-IMIN,Q0)
      A(9)=A(9)+Q0
      A(10)=A(10)+ID
  140 CONTINUE
      ISIG=JSIG
  200 CONTINUE

  210 CONTINUE
      RETURN
      END
C==================================================================
```

## 6.3. Atmung mithilfe einer Atemmaske

Eine exakte Messung von Atemzugvolumina ist nur über eine Registrierung mithilfe
einer Atemmaske möglich, die allerdings häufig nicht zumutbar oder durch das Expe-
rimental-Design nicht möglich ist. Das hier vorgestellte Programm SPIR2 verarbeitet
eine auf 40 msec Abtastzeit reduzierte Kurve, die nur die Exspiration oder nur die Inspiration (hier ausgeführt) registriert. Das folgende Schaubild soll den schematisierten
Kurvenverlauf einer solchen Registrierung verdeutlichen:

```
         . . . . .                    . . . . .
      . :        :                 . :        :
      :          :                 :          :   <--- Volumen
      :          :                 :          :
. . . . . :      : . . . . . . . . . :      : . . . . . . . . .
--------------------------------------------------------------------Nullinie
      <Inspir.-><Exspirat.->
       -Zeit       -Zeit
```

Das Programm SPIR2 hat folgenden Ablauf:
- suchen des ersten Exspirations-Stücks, hierin bestimmen der **Nullinie;**
- Grenzamplitude für Beginn der **Inspiration** bestimmen: Nullinie + 2*Maximalab-
  weichung innerhalb der Exspiration (Rausch-Schwelle);
- suchen eines **Sprunges** mit Grenzwert 20.
Als Grenzwert werden außerdem die Grenzzeiten für Inspirations- und Exspirations-
Zeit (p*mittlere Atemzug-Zeit) abgefragt. Die Schwellenparameter sind weitgehend
fest (Gerätekonstanten) und werden daher in Data-Anweisungen angegeben.


```
Programm SPIR2:
---------------

C* * * * * * * * * * * * * * * * * * * * * * * * * * * * * * * *
C                                                              *
C    AUSWERTUNG EINER ATEMKURVE (MASKENATMUNG, INSPIRATION)    *
C       (FUER REGISTRIERTE EXSPIRATION VERTAUSCHEN DER         *
C          INTERPRETATIONEN IN-/EXSPIRATORISCHE KENNWERTE)     *
C                                                              *
C    AUFRUFLISTE..                                             *
C     IX    FELD DER KURVE, LAENGE N                           *
C     IA,IE ANFANGS- UND ENDPUNKT DES TATSAECHLICHEN ZU VER-   *
C           MESSENDEN KURVENSTUECKS                            *
C     IAZ   MITTLERE ATEMZUGZEIT (IN ABTASTPUNKTEN)            *
C           WIRD ZUR ARTEFAKTKONTROLLE BENOETIGT, EVTL.        *
C           ZUVOR MIT FFT BESTIMMEN                            *
```

```fortran
C    A        AUSGABEFELD DER LAENGE 10                                  *
C       1     SUMME AMPLITUDE, INSPIRATION                               *
C       2     SUMME AMPLITUDE**2, INSPIRATION                            *
C       3     SUMME INSPIRATIONS-ZEIT                                    *
C       4     SUMME INSPIRATIONS-ZEIT**2                                 *
C       8     SUMME EXSPIRATIONS-ZEIT                                    *
C       9     SUMME EXSPIRATIONS-ZEIT**2                                 *
C    NIN,NEX ANZAHL DER SUMMANDEN FUER INSPIRATION UND                   *
C            EXSPIRATION                                                 *
C                                                                        *
C* * * * * * * * * * * * * * * * * * * * * * * * * * * * * * * * * * * * *
      SUBROUTINE SPIR2(IX,N,IA,IE,IAZ,A,NIN,NEX)
      DIMENSION IX(1),A(10)
C UNTERSTE GRENZ-ZEIT FUER INSPIRATIONS- UND EXSPIRATIONSZEIT
      DATA KAZ/5/
C IS=INITIALE RAUSCHSCHWELLE
C P =FAKTOR ZUR BESTIMMUNG DER AKTUELLEN RAUSCHSCHWELLE
C IG=MINIMALES ATEMVOLUMEN IN RECHNEREINHEITEN
      DATA IS,P,IG/5,2.,20/

C SUCHEN RAUSCH-SCHWELLE UND NULLINIE
      CALL FVAL(0.,A,10)
      NIN=0
      NEX=0
      JAZ=MAX0(IAZ/20,KAZ)
      I1=0
    5 I2=I1+5
      DO 10  I=I2,N
      IF(IX(I-4)-IX(I)-IG) 10,10,15
   10 CONTINUE
      RETURN
   15 I1=I+3
      Q=0.
      DO 20  I=I1,N
      Q=Q+IX(I)
      IQ=IFXRF(Q/(I-I1+1))+IS
      IF(IX(I)-IQ) 20,20,25
   20 CONTINUE
      RETURN
   25 I2=I-5
      IF(I2-I1-10) 5,5,30
   30 CONTINUE
      Q=0.
      MAX=0
      DO 35  I=I1,I2
      MAX=MAX0(IX(I),MAX)
   35 Q=Q+IX(I)
      IQ=IFXRF(Q/(I2-I1+1))
      JS=IFXRF(P*MAX-Q/(I2-I1+1)*(P-1.))

C ANALYSE DES SIGNALS
      I2=0
      DO 100  I=5,IE
```

```fortran
C   SUCHEN SPRUNG
      IF(IX(I-4)-IX(I)-IG) 100,40,40
   40 J2=I
      IF(I-IA) 46,41,41
   41 CONTINUE
C   SUCHEN INSPIRATIONS-BEGINN
      I1=J2-4
      J1=I1+1
      DO 45  J=2,I1
      J1=J1-1
      IF(IX(J1)-JS) 50,50,45
   45 CONTINUE
   46 CONTINUE
      I2=J2
      GOTO 90
   50 I1=J1
      IF(J2-I1-JAZ) 46,55,55
C   EXSPIRATION
   55 IF(I2) 62,62,60
   60 NEX=NEX+1
      A(8)=A(8)+I1-I2
      CALL MDWR(I1-I2,I1-I2,Q)
      A(9)=A(9)+Q
   62 I2=J2
C   AMPLITUDE
      MAX=IX(J2-4)
      A(1)=A(1)+MAX-IQ
      CALL MDWR(MAX-IQ,MAX-IQ,Q)
      A(2)=A(2)+Q
C   INSPIRATION
      NIN=NIN+1
      A(3)=A(3)+I2-I1
      CALL MDWR(I1-I2,I1-I2,Q)
      A(4)=A(4)+Q
   90 I=I+5
  100 CONTINUE

      RETURN
      END
C================================================================
```

# Kapitel 7: Elektroenzephalogramm (EEG)

Es mag für Anwender, die sich auf EEG-Analysen spezialisiert haben, ungenügend sein, doch ist unter den Bedingungen einer multivariaten Aktivierungsstudie eine drastische Beschränkung der Methodik auf die Erfassung des **EEG-Makroprozesses** über **eine** Ableitung zu vertreten. Mehrkanal-Ableitungen des EEG mit Analyse der Kohärenzspektren sowie der langsamen Hirnpotentiale wurden in unserer Gruppe bislang nicht durchgeführt und können daher nicht behandelt werden. Wichtiger schien bei unseren Fragestellungen eine Kontrolle von Stirn-EMG und Lidschlag. Dabei kann die Kontrolle des EMG extern vorgenommen werden dadurch, daß Datenstücke mit starker EMG-Intensität nicht ausgewertet werden. Die Kontrolle von durch den Lidschlag verursachten EEG-Potentialen kann durch Auspartialisieren im Spektralbereich geschehen.

## 7.1. Kennwerte des EEG

Unter den vorhandenen Auswerteverfahren wird in unserer Gruppe die harmonische Analyse in Sekundenintervallen bevorzugt. Andere Verfahren wurden von Foerster et al. (1975) verglichen, wobei die harmonische Analyse zumindest bei der Erforschung von EEG-Makroprozessen deutliche Vorteile aufwies. Als Kennwerte auf 10-Sekunden-Ebene dienen drei Vorzugsfrequenzen und ihre Powerwerte, wobei die mittlere Vorzugsfrequenz im Alpha-Band (7–14 Hz) gesucht wird. Die beiden anderen Vorzugsfrequenzen werden in einem Bereich gesucht, dessen eine Grenze bei F2 (Vorzugsfrequenz Alpha-Band), die andere bei 1 bzw. 31 Hz liegt. Außerdem werden Gesamtpower und relative Powerwerte in drei Bändern (1–6 Hz, 7–14 Hz, 15–31 Hz) berechnet. Von allen Kennwerten werden die Summenwerte und die Summen der Quadrate zur Berechnung der Standardabweichung ausgegeben.

```
Programm EEG30:
----------------


C * * * * * * * * * * * * * * * * * * * * * * * * * * * * *
C                                                         *
C  AUSWERTUNG  E E G  (MIT AUSPARTIALISIEREN DES LIDSCHLAGS) *
C                                                         *
C   AUFRUFLISTE..                                         *
C     NBUF   ARBEITSFELD DER LAENGE 256                   *
C     NBLOK  ZU VERARBEITENDE BLOECKE (2 SEK.)
```

```fortran
C     IPAR   SCHWELLENPARAMETER                                        *
C            1 =0, DANN LIDSCHLAG NICHT AUSPARTIALISIEREN              *
C            2 ZULAESSIGER LIDSCHLAGMITTELWERT UEBER 1 SEKUNDE         *
C              (BEI UEBERSCHREITUNG EEG NICHT AUSWERTBAR)              *
C     KEEG   KANAL FUER EEG                                            *
C     KLID   KANAL FUER LIDSCHLAG                                      *
C     EICH   EICHWERT FUER EEG                                         *
C     AUSGABE..                                                        *
C     GPOW   SUMME GESAMTPOWER                                         *
C     SGPOW  SUMME GESAMTPOWER**2                                      *
C     FR     SUMMEN VORZUGSFREQUENZEN                                  *
C     SFR    SUMMEN VORZUGSFREQUENZEN**2                               *
C     POW    SUMMEN POWER                                              *
C     SPOW   SUMMEN POWER**2                                           *
C     NVAL   ANZAHL SUMMANDEN (AUSGEWERTETE SEKUNDEN)                  *
C     BAN    SUMMEN RELATIVE POWER                                     *
C     SBAN   SUMMEN RELATIVE POWER**2                                  *
C                                                                      *
C * * * * * * * * * * * * * * * * * * * * * * * * * * * * * * * * * * *
      SUBROUTINE EEG30(NBUF,NBLOK,IPAR,KEEG,KLID,EICH,
     1GPOW,SGPOW,FR,SFR,POW,SPOW,NVAL,BAN,SBAN)
      DIMENSION NBUF(256),IPAR(2),FR(3),SFR(3),POW(3),SPOW(3),
     1NVAL(3),BAN(3),SBAN(3)
      DIMENSION X(256),Y(256),LPOW(32),IPOW(32),KPOW(32),IF(3),IP
C  INITIALISIERUNG
      E2=EICH**2
      GPOW=0.
      SGPOW=0.
      DO 10  I=1,3
      FR(I)=0.
      SFR(I)=0.
      POW(I)=0.
      SPOW(I)=0.
      NVAL(I)=0
      BAN(I)=0.
      SBAN(I)=0.
   10 CONTINUE
      ISEC=NBLOK*2
C = = = = = = = = = = = = = = = = = = = = = = = = = = = = = = = = = = =
      DO 200  MBNR=1,ISEC
C  LIDSCHLAG
      LMGO=2
      IF(IPAR(1)) 25,112,25
   25 CONTINUE
      CALL RPCHA(KLID)
      CALL RPDTS(NBUF,250)
C  ENDE ERGAENZEN
      DO 109  I=251,256
  109 NBUF(I)=3*(NBUF(I-1)-NBUF(I-2))+NBUF(I-3)
      ISUM=ISUMS(NBUF,250,5)/50
      LMGO=1
      IF(ISUM-IPAR(2)) 117,117,112
  117 CONTINUE
      LMGO=2
```

```fortran
C  FFT DES LIDSCHLAGS
      DO 111  I=1,256
      X(I)=NBUF(I)
  111 Y(I)=0.
      CALL FFT8(X,Y)
      LPOW(1)=X(1)
      IPOW(1)=0
      SL=0.
      DO 113  J=2,32
      LPOW(J)=IFXFR(X(J))
      IPOW(J)=IFXFR(Y(J))
      SL=SL+X(J)**2+Y(J)**2
  113 CONTINUE
  112 CONTINUE

C  EEG
      CALL RPCHA(KEEG)
      CALL RPDTS(NBUF,250)
C  WENN LIDSCHLAG ZU STARK, DANN KEINE AUSWERTUNG
      GOTO(200,120),LMGO
  120 CONTINUE
C  ENDE ERGAENZEN
      DO 110  I=251,256
  110 NBUF(I)=3*(NBUF(I-1)-NBUF(I-2))+NBUF(I-3)
C  FFT DES EEG
      DO 114  I=1,256
      X(I)=NBUF(I)
  114 Y(I)=0.
      CALL FFT8(X,Y)
C  AUSPARTIALISIEREN DES LIDSCHLAGS
      IF(IPAR(1)) 121,125,121
  121 CONTINUE
      SEL=0.
      DO 122  J=2,32
      KPOW(J)=(X(J)**2+Y(J)**2)*E2
  122 SEL=SEL+LPOW(J)*X(J)+IPOW(J)*Y(J)
      SEL=SEL/SL
      DO 123  J=2,32
  123 IPOW(J)=((X(J)-SEL*LPOW(J))**2+(Y(J)-SEL*IPOW(J))**2)*E2
      GOTO 127
C  KEIN AUSPARTIALISIEREN DES LIDSCHLAGS
  125 CONTINUE
      DO 126  J=2,32
  126 IPOW(J)=(X(J)**2+Y(J)**2)*E2
  127 CONTINUE
C VERMESSEN DES POWERSPEKTRUMS
      CALL VORZ3(IPOW,IF,IP)
C WENN IF(2)=0, DANN KEINE VORZUGSFREQUENZEN GEFUNDEN
      IF(IF(2)) 200,200,130
  130 CONTINUE
C SUMMATION DER KENNWERTE
C VORZUGSFREQUENZEN MIT POWERWERTEN
      DO 135  I=1,3
      IF(IF(I)) 135,135,136
  136 NVAL(I)=NVAL(I)+1
```

```fortran
      FR(I)=FR(I)+IF(I)
      POW(I)=POW(I)+IP(I)
      CALL MDWR(IF(I),IF(I),Q)
      SFR(I)=SFR(I)+Q
      CALL MDWR(IP(I),IP(I),Q)
      SPOW(I)=SPOW(I)+Q
  135 CONTINUE
C RELATIVE POWERWERTE IN BAENDERN 1-5 HZ, 7-14 HZ, 15-29 HZ
      SE=FLOAT(ISUMS(IPOW(2),31,1))
      Q=FLOAT(ISUMS(IPOW(2),6,1))/SE
      BAN(1)=BAN(1)+Q
      SBAN(1)=SBAN(1)+Q*Q
      Q=FLOAT(ISUMS(IPOW(8),8,1))/SE
      BAN(2)=BAN(2)+Q
      SBAN(2)=SBAN(2)+Q*Q
      Q=FLOAT(ISUMS(IPOW(16),17,1))/SE
      BAN(3)=BAN(3)+Q
      SBAN(3)=SBAN(3)+Q*Q
      GPOW=GPOW+SE
      SGPOW=SGPOW+SE**2
  200 CONTINUE

      RETURN
      END
C-----------------------------------------------------------------

C  VORZUGSFREQUENZEN 1 - 3 FUER EEG.
C  DIE 2. VF SOLL IM ALPHA-BEREICH (IFA,IFE) LIEGEN,
C  DIE 1. DAVOR, DIE 3. DANACH.
C  FEHLERAUSGANG WENN IF(2)=0
      SUBROUTINE VORZ3(IPOW,IF,IP)
      DIMENSION IPOW(32),IF(3),IP(3)
C LAENGE DES SPEKTRUMS
      DATA MAXN/32/
C GRENZEN FUER ALPHA-BAND
      DATA IFA,IFE/8,15/

C  MARKIEREN DER RELATIVEN MAXIMA
      IE=MAXN-1
      DO 505  I=2,IE
      K=I
      JE=I-1
      DO 515  J=1,JE
      K=K-1
      IF(IPOW(I)-IPOW(K)) 505,515,510
  515 CONTINUE
      GOTO 505
  510 CONTINUE
      JE=I+1
      DO 516  J=JE,MAXN
      IF(IPOW(I)-IPOW(J)) 505,516,511
  516 CONTINUE
      GOTO 505
  511 IPOW(I)=-IPOW(I)
```

```
      505 CONTINUE

C   LANGE RELATIVE MAXIMA WERDEN VERKUERZT
          DO 506   I=2,IE
          IF(IPOW(I)) 507,506,506
      507 IM=I
          DO 508   J=I,IE
          IF(IPOW(J+1)) 508,509,509
      508 CONTINUE
      509 IM=(J+IM)/2
          DO 504   K=I,J
      504 IPOW(K)=-IPOW(K)
          IPOW(IM)=-IPOW(IM)
      506 CONTINUE

C   2.  VORZUGSFREQUENZ
          IM=(IFA+IFE)/2
          IP(2)=0
          IF(2)=0
          DO 520   I=IFA,IFE
          IF(IPOW(I)) 521,520,520
      521 IPP=-IPOW(I)
          IF(IP(2)-IPP) 530,525,520
      525 IF(IABS(I-IM)-IABS(IF(2)-IM)) 530,530,520
      530 IP(2)=IPP
          IF(2)=I
      520 CONTINUE
          IF(IF(2)) 531,531,535
      531 DO 532   I=1,3
      532 IF(I)=0
          GOTO 1000

      535 CONTINUE
          IE=IF(2)-1
          IPOW(IE)=IABS(IPOW(IE))
          IPOW(IE+1)=IABS(IPOW(IE+1))
          IPOW(IE+2)=IABS(IPOW(IE+2))
          IE=MINO(IE,IFA+2)

C   1.  VORZUGSFREQUENZ
          IP(1)=0
          IF(1)=0
          DO 540   I=2,IE
          IF(IPOW(I)) 541,540,540
      541 IPP=-IPOW(I)
          IF(IP(1)-IPP) 545,545,540
      545 IP(1)=IPP
          IF(1)=I
      540 CONTINUE

C   3.  VORZUGSFREQUENZ
          IE=IF(2)+1
          IE=MAXO(IE,IFE-2)
          JE=MAXN-1
```

```fortran
      IP(3)=0
      IF(3)=0
      DO 555   I=IE,JE
      IF(IPOW(I)) 556,555,555
  556 IPP=-IPOW(I)
      IPOW(I)=IPP
      IF(IP(3)-IPP) 560,555,555
  560 IP(3)=IPP
      IF(3)=I
  555 CONTINUE
      DO 1002   I=1,3
 1002 IF(I)=IF(I)-1
 1000 DO 1001   I=1,MAXN
 1001 IPOW(I)=IABS(IPOW(I))
      RETURN
      END
C===========================================================
```

# Kapitel 8: Weitere Signale

In diesem Kapitel sollen Signale angesprochen werden, die aus verschiedenen Gründen in dieser Arbeit nicht behandelt werden können.

## 8.1. Signale, die für Aktivierungsexperimente weniger wichtig sind, und daher hier nicht registriert werden und Signale, für die in der Forschungsgruppe des Verfassers keine Ausrüstung existiert

- EEG-Mehrkanal-Registrierung und langsame Hirnpotentiale.
- Magen-Darm-Signale (Elektro-Gastrogramm EGG, Magneto-Gastrogramm MGG). Diese Signale sind eher bei psychosomatischen Fragestellungen und in der Emotionsforschung wichtig.
- Signale im Genitalbereich (Sexualforschung).
- Feinanalyse des EMG mit Nadelelektroden (z. B. Gesichtsmuskel zur Erfassung der Mimik, Biophysik im Sportbereich) oder Spektralanalyse, wobei eine hohe Abtastrate nötig ist (auf unserem Rechner nicht zu verwirklichen).
- EOG mit Erfassung der Blickwechsel und Blickrichtung (z. B. Werbe-Forschung).
- Pupillographie.
- Tremor-Messung.

## 8.2. Invasive oder besonders unangenehme Messungen

Die Messungen an gesunden Probanden sollen zumutbar und dem Forschungsziel angemessen sein. Invasive Messungen sind daher in unserem Bereich von vorneherein auszuschließen. Folgende wichtige Signale fallen in diesen Bereich:
- Arterieller Blutdruck.
- Herzleistung.
- Magensonden.

Außerdem sollen die Messungen den Probanden möglichst wenig beeinträchtigen, um die Einflüsse von vergleichsweise schwachen Belastungen nicht zu verfälschen. Besonders unangenehme (physiologische oder psychologische Beeinträchtigung) Messungen sind:

– Messungen im Genitalbereich (z. B. Penisplethysmogramm).
– Messungen im Analbereich (z.B. Funktionsprüfung des Schließmuskels).
– Speichelfluß-Registrierung.


## 8.3. Registrierungen für spezielle Fragestellungen oder durch spezielle weniger gebräuchliche Apparate


Eine solche Fragestellung innerhalb unserer Gruppe war die Registrierung und Auswertung der Hautfeuchte mithilfe eines speziellen Gerätes, das durch geeignete Anbringung des Feuchteaufnehmers und durch eine Anblasvorrichtung zur Vermeidung eines lokalen Klimas erweitert wurde. Durch geeignete Filterung (AC-Registrierung) konnte das Signal weitgehend dem des Hautleitwerts angepaßt werden und wurde somit mit bekannten Programmen (s. Kapitel 5) analysiert.
Eine Atemgasanalyse mithilfe eines Analysators der Fa. Jäger liefert die Parameter direkt als Sprungfunktionen, die bei der Auswertung lediglich aufgesucht werden müssen. Die Computerisierung bietet somit keine mitteilenswerten Schwierigkeiten.


## 8.4. Signale, die hardwaremäßig (vor-)verarbeitet werden


Einige Signale werden in unserer Gruppe direkt hardwaremäßig verarbeitet und als Digitalwerte abgespeichert. Doch sollen hier auch sehr langsame Signale angesprochen werden, die lediglich in bestimmten Abständen abgetastet werden müssen. Programme hierfür sind nicht mitteilenswert.
– EMG. Das Signal wird hardwaremäßig über je eine Sekunde aufintegriert und digital abgelegt. Eine andere gängige Registriermethode ist die Aufzeichnung des gleichgerichteten und anschließend tiefpaßgefilterten Signals, das als langsames Signal lediglich abgetastet und aufsummiert werden muß.
– Temperaturmessungen (langsame Signale).
– Leistungsparameter bei Ergometrie und Reaktionszeitmessung.

# Kapitel 9: Reizbezogene Auswertung

Eine reizbezogene Auswertung von Biosignalen ist eine häufige Forderung in psycho-physiologischen Experimenten. Das folgende Programm-Paket entstammt einer Habituations-Studie mit einfachen Tönen als Reizen (Habituations-Paradigma). Das Programm wird hier als Ganzes mit ausreichender Kommentierung im Programm-Teil dargestellt. Die Auswertung der einzelnen Signale erfolgt in Anlehnung an die in den vorangegangenen Kapiteln beschriebenen Algorithmen, sodaß sich ausführliche Beschreibungen auf Abweichungen beschränken können.

Folgende Gründe haben mich bewogen, dieses Gesamt-Programm in diese Arbeit aufzunehmen:
- Das Programm soll exemplarisch die Probleme eines Rahmenprogramms aufzeigen (z. B. Ein-Ausgabe, Bandbehandlung).
- Eine reizbezogene Auswertung stellt ein vergleichsweise häufiges Problem dar (Orientierungs-Reaktionen, Habituation, Analyse von Feinverläufen). Das Programm ist möglicherweise mit leichten rechnerbezogenen Veränderungen insgesamt verwendbar.
- Das Programm enthält mit der Behandlung der respiratorischen Arrhythmie, die bei Feinanalysen der Herzfrequenz unbedingt berücksichtigt werden muß, eine Problemlösung, die auch auf andere Bereiche übertragen werden kann (vgl. zur respiratorischen Arrhythmie Foerster, 1978).

Das Programm verarbeitet die Signale EKG, Atmung, Fingerpuls, EDA, Hautfeuchte (wie EDA), Temperatur und EMG. Die Kennwerte werden gewöhnlich als Vorreizwert, Nachreizwert, Differenz und Quotient der ersteren ausgegeben, bei EDA und Hautfeuchte werden zusätzlich die Latenzen bestimmt.

Die Eingabe zur Programmsteuerung erfolgt über Lochkarten (logical unit 2), die Ausgabe über Drucker (logical unit 3), Abspeichermedium sind Disketten (binäre Speicherung), die Daten werden vom Magnetband gelesen, außerdem sind zwei Platten-Files nötig, der eine enthält Kommentare mit den hardwaremäßig errechneten EMG-Werten (Sekunden-Integrale), der andere wird zur Zwischenspeicherung benutzt.

Die Verarbeitung erfolgt für jeden Reiz (Ton) getrennt. Die Reize sind auf einem Datenkanal als Rechteck-Impulse festgehalten, werden jedoch zur Sicherheit über Karten vorlokalisiert.

## 9.1. Hauptprogramm, Lese- und Steuerprogramme

Die Parameter- und Daten-Übertragung geschieht hier in einem COMMON-Bereich.
Feste Schwellenwerte werden in Data-Anweisungen angegeben. Die Kanalmaske legt
die zur Verfügung zu stellenden Datenkanäle fest. Plattenfiles müssen bei unserem
Rechner durch DEFINE-Anweisungen definiert werden, die die Satzzahl, die Satz-
länge, den Speicherbereich (U=user's area) und den Satzzähler enthalten. Der Satzzähler wird bei jedem lesen und schreiben automatisch auf den nächsten Satz verändert.

```
Programm HABIT:
---------------

C * * * * * * * * * * * * * * * * * * * * * * * * * * * * *
C                                                         *
C     REIZBEZOGENE AUSWERTUNG                             *
C     (HABITUATION)                                       *
C                                                         *
C * * * * * * * * * * * * * * * * * * * * * * * * * * * * *

COMMON..
C KERRO FEHLERPARAMETER DER DATENUEBERTRAGUNG
C IREEL BANDNUMMER
C IFILE FILENUMMER AUF BAND
C ISTNZ SPEICHER-OPTION
C NVP   VP-NUMMER
C MFL   LAUFINDEX FUER PLATTENFILE 1
C KFL   LAUFINDEX FUER PLATTENFILE 2
C EICH  EICHWERTE FUER 8 KANAELE
C NULL  OFFSETS FUER 8 KANAELE
C NBNRA ERSTER ZU VERABEITENDER BLOCK
C NBNRE LETZTER ZU VERABEITENDER BLOCK
C INIT  INITIALISIERUNGS-PARAMETER
C IDUM  ZWISCHENSPEICHER
C NBUF, KBUF ARBEITSFELDER
C IRR   FELD FUER RR-ABSTAENDE
C IPAR  ABSTAND JUGULUM-FINGER (MM)
C INULL ERSTER (UNVOLLSTAENDIGER) RR-ABSTAND
C NRR   ANZAHL RR-ABSTAENDE

      COMMON KERRO(4),IREEL,IFILE,ISTNZ,NVP,KFL,MFL,EICH(8),
     1NULL(8),NBNRA,NBNRE,INIT(5),IDUM(5),
     2NBUF(500),KBUF(500),IRR(100),IPAR,INULL,NRR

C KANALMASKE (HEXADEZIMAL)
      DATA IC/Z'FF00'/
C SPRUNGHOEHE FUER EDA
      DATA IG/50/

C DEFINITIONEN DER PLATTEN-FILES
```

```fortran
C (ZU ERSTZEN DURCH OPEN-STATEMENTS)
C       DEFINE FILE 1 (80,64,U,MFL)
C       DEFINE FILE 2 (6,160,U,KFL)

C EINLESEN DER FILTERKOEFFIZIENTEN FUER KORREKTUR
C DER RESPIRATORISCHEN ARRHYTHMIE (VON KARTEN).
        CALL  HAB01

C INITIALISIEREN EINER NEUEN VP
C (NUSTI, LUSTI = REIZORT IN BLOCK UND MSEC INNERHALB
C  DES BLOCKS, WIRD IN NEFLH EINGELESEN)
  200 CALL NEUVP(IC)
        NUSTI=0
        LUSTI=9999

C INITIALISIEREN EINES NEUEN BAND-FILES (PHASE)
  300 CALL NEFLH(NUSTI,LUSTI,IC)
        IF(NUSTI) 200,200,20
   20 CONTINUE

C BESTIMMEN DER EXAKTEN REIZORTE
        CALL RSUCH(NBNRE,NRBL,MSR)
C BESTIMMEN DER RR-ABSTAENDE AUS DEM EKG
        CALL ECG3
C PLAUSIBILITAETSKONTROLLEN DER RR-ABSTAENDE
        CALL ECG4
C LESEN DER ATMUNG UND VORBEREITEN FUER RESP. ARRH.
C (JAT = LAENGE DER ATEMKURVE IN 100 MSEC)
        CALL ATMG1(JAT)
C SUCHEN DES RR-ABSTANDS, IN DEM DER REIZORT LIEGT
        CALL RRARE(NRBL,MSR,NORT,MSRR)
C MISSING-DATA-BEHANDLUNG DER RR-ABSTAENDE FUER
C RESPIRATORISCHE ARRHYTHMIE
        CALL HAB02(NORT)
C ZWISCHENSPEICHERN DER ATEMWERTE AUF PLATTE
        KFL=4
        WRITE(2'KFL)(KBUF(I),I=1,JAT)
        CALL ICOPY(KBUF,NBUF,JAT)
C DIFFERENZIEREN DER ATEMKURVE
        CALL DIFQU(KBUF,NBUF,JAT)
C KORREKTUR DER RESPIRATORISCHEN ARRHYTHMIE
        CALL RESPA(JAT,NORT,MSRR)
C AUSWERTUNG DER ATMUNG
        KFL=4
        READ(2'KFL) (KBUF(I),I=1,JAT)
        CALL ATMG2(JAT,LAT)
        CALL ATMG3(JAT,LAT,3,NRBL,MSR,IGU,IGO,IST,LST)
        CALL HAB07(JAT,LAT,IGU,IGO,IST,LST)
        CALL ATMG3(JAT,LAT,2,NRBL,MSR,IGU,IGO,IST,LST)
C AUSWERTUNG DES FINGERPULSES
        CALL PVA2
        CALL HAB09(IGU,IGO,IST,NORT)
C AUSWERTUNG DER EDA
        CALL EDAH(JAT,5,IG)
```

```
        IF(JAT) 30,30,25
     25 CONTINUE
        CALL DIFQU(NBUF,KBUF,JAT)
C (GRENZEN FUER LATENZ DER SCR)
        LATU=1000
        LATO=3050
        CALL IREM4(JAT,NRBL,MSR,LATU,LATO)
     30 CONTINUE
        CALL HAB10(JAT,NRBL,MSR)
C AUSWERTUNG DER HAUTFEUCHTE (WIE EDA)
        CALL EDAH(JAT,1,1000)
        IF(JAT) 40,40,35
     35 CONTINUE
        CALL DIFQU(NBUF,KBUF,JAT)
C  (GRENZEN FUER LATENZ DER HAUTFEUCHTE-REAKTIONEN)
        LATU=4000
        LATO=7000
        CALL IREM4(JAT,NRBL,MSR,LATU,LATO)
     40 CONTINUE
        CALL HAB10(JAT,NRBL,MSR)
C AUSWERTUNG VON TEMPERATUR UND EMG
        CALL TEMGH(JAT)
        CALL HAB11(JAT,NRBL,MSR)

        GOTO 300
        END
C==========================================================================
```

Im Programm HAB01 werden von Karten die Faltungs-Koeffizienten und Verstärkungs-Faktoren für die Korrektur der respiratorischen Arrhythmie eingelesen und zusammen mit einem Parameter-Feld auf Platten abgespeichert. Die Faltungs-Koeffizienten entstammen einer Modellstudie an N = 16 männlichen Studenten (Foerster, 1978) und stellen Mittelwerte dar. Eine Bestimmung von individuellen Faltungs-Koeffizienten, wie sie von Foerster (1978) beschrieben wurde, ist zwar von Vorteil, aber wegen des hohen Aufwandes hier verzichtbar.


```
Programm HAB01:
----------------

C  RESPIRATORISCHE ARRHYTHMIE..
C  LESEN FILTERKOEFFIZIENTEN, SPEICHERN AUF PLATTENFILE

        SUBROUTINE HAB01

        INTEGER A(200),B(200),C(10)
        COMMON KERRO(4),IREEL,IFILE,ISTNZ,NVP,KFL,MFL,EICH(8),
       1NULL(8),NBNRA,NBNRE,INIT(5),IDUM(5),NBUF(500)
        EQUIVALENCE (NBUF(1),A(1)),(NBUF(201),B(1))

C PARAMETERFELD
C   1 MAXIMALE LEAD/LAG BEI KORREKTUR DER RR-ABSTAENDE
C   2 SCHRITTWEITE BEI SIMULATION DER RESP. ARRH.
```

```
C    3 LAENGE DES GLEITENDEN MITTELWERTS
C    4 GLAETTUNGSPARAMETER FUER ATMUNG
C    5 GLAETTUNGSPARAMETER FUER RR-ABSTAENDE
C    6 GROESSTER LAG BEI AUTOKORRELATION
C 7-10 NICHT BENUTZT
      DATA C/3,1,100,0,0,5,4*0/

C LESEN DER FILTERKOEFFIZIENTEN UND VERSTAERKUNGSFAKTOREN
C FUER INSPIRATION UND EXSPIRATION
    1 FORMAT(E12.5/(10I6))
      READ(2,1) FP,A
      READ(2,1) FM,B
C ZWISCHENSPEICHERUNG AUF PLATTENFILE
      KFL=1
      WRITE(2'KFL) C,FP,A,FM,B
      KFL=1
      RETURN
      END
C---------------------------------------------------------------

C FALTUNGSKOEFFIZIENTEN AUS EINER MODELLSTUDIE (N=16 MAENN-
C LICHE STUDENTEN).. INSPIRATION, EXSPIRATION.

 0.58103E-05
  -156  -1060  -4500-15159-18998-22200-26800-30300-31500-32000
-30797-28677-25863-23368-21225-19492-17082-15326-13965-12021
-10005  -8266  -7276  -5793  -4480  -3367  -2353  -1417   -496    423
  1216   1782   2385   3066   3434   3965   4409   4772   5084   5357
  5612   5809   5980   6130   6254   6348   6446   6520   6563   6588
  6607   6598   6589   6560   6531   6489   6439   6393   6325   6233
  6167   6102   6027   5955   5871   5761   5672   5599   5504   5401
  5299   5194   5104   5015   4931   4850   4752   4664   4571   4479
  4387   4289   4195   4101   4020   3938   3864   3793   3711   3615
  3540   3478   3399   3319   3242   3165   3101   3032   2973   2915
  2852   2773   2705   2643   2576   2511   2467   2420   2366   2313
  2258   2194   2146   2091   2039   1994   1962   1925   1878   1831
  1790   1752   1706   1662   1619   1590   1550   1518   1477   1436
  1412   1370   1334   1298   1267   1236   1206   1181   1150   1118
  1096   1069   1046   1024    998    976    949    920    902    879
   856    838    818    791    763    743    726    705    690    674
   650    633    619    599    588.   575    562    546    527    514
   491    483    471    457    442    432    411    406    389    381
   368    355    351    334    323    316    304    293    286    279
   271    259    253    245    230    228    220    209    203    198
-0.17686E-05
   -50   -120   -300   -550  -1070  -2000  -4100  -7150-10200-14505
-17470-21095-23589-25786-27230-28928-30220-30976-31594-31894
-32000-31960-31823-31510-30978-30453-29839-29026-28286-27478
-26639-25744-24831-23892-22810-21798-20798-19796-18796-17796
-16801-15798-14597-13625-12673-11751-10971  -9944  -9044  -8173
 -7326  -6500  -5689  -4910  -4147  -3409  -2697  -2011  -1350   -700
   -77    519   1086   1633   2159   2667   3149   3606   4038   4493
  4809   5186   5543   5877   6191   6488   6771   6988   7240   7473
  7687   7910   8066   8240   8399   8543   8674   8792   8899   8991
```

```
 9091   9164   9226   9296   9344   9365   9381   9405   9420   9428
 9429   9422   9409   9389   9365   9337   9302   9269   9232   9173
 9120   9064   9017   8949   8884   8816   8746   8678   8598   8519
 8438   8356   8272   8185   8102   8004   7913   7823   7731   7640
 7527   7433   7339   7245   7151   7076   7004   6909   6813   6718
 6623   6524   6436   6341   6245   6151   6058   5962   5865   5771
 5678   5587   5479   5435   5344   5236   5149   5063   4977   4892
 4808   4724   4642   4561   4463   4381   4302   4224   4147   4071
 3996   3921   3864   3807   3735   3664   3588   3517   3463   3390
 3323   3257   3193   3128   3063   2998   2937   2877   2812   2765
 2712   2667   2611   2556   2502   2448   2394   2341   2291   2241
C==============================================================================
```

NEUVP initialisiert bei der Auswertung eines **neuen Probanden** das Disketten-Laufwerk und positioniert das Magnetband auf Beginn der auszuwertenden Daten. Hierzu wird eine Probanden- und eine Band-File-Karte gelesen, die die Bandnummer, den zu verarbeitenden Bandfile, die Nummer des Anfangsblocks innerhalb des Files, eine Abspeicher-Option, sowie die Verstärkungs-Faktoren der acht Datenkanäle (Signale) enthält. Beim Positionieren des Bandes durch das Assembler-Programm REPSEL werden diese Parameter vom Band zur Verfügung gestellt (abzurufen mithilfe der Funktion RPPAR) und können zur Sicherheit mit denen von Karte verglichen werden. Eine weitere genormte Parameter-Karte enthält neben hier nicht interessierenden Informationen den für die Pulswellen-Geschwindigkeit wichtigen Abstand Jugulum-Finger (in mm). Die Eichwerte und Offsets der acht Kanäle werden vom Band gelesen (von REPSEL auf Platte zwischengespeichert), können jedoch bei Versagen der Eich-Zacken-Vermessung von Karte übertragen werden.


```
Programm NEUVP:
----------------

C BANDSTEUERUNG UND EINLESEPROGRAMM ZU BEGINN
C EINER NEUEN PERSON.
C  IC = KANALMASKE

      SUBROUTINE NEUVP(IC)
C PARAMETER-UEBERTRAGUNGS-FUNCTION (ASSEMBLER)
      INTEGER RPPAR

      DIMENSION IA(8),IEXTS(5)

      COMMON KERRO(4),IREEL,IFILE,ISTNZ,NVP,KFL,MFL,EICH(8),
     1NULL(8),NBNRA,NBNRE,INIT(5),IDUM(5),NBUF(500),
     2KBUF(500),IRR(100),IPAR,INULL,NRR

C KENNUNG FUER EICHKARTE UND MISSING-DATA-WORT (KONVENTION)
      DATA IE,IBL/'E',-32767/
C EXTENSIONS FUER BINAERES SCHREIBEN AUF DISKETTE (HEXADEZIMAL)
      DATA IEXTS/Z'1282',Z'4292',Z'2A04',Z'CA2A',29/
```

```fortran
C INITIALISIERUNG
      DO 1  I=1,5
    1 INIT(I)=0
      KFLA=KFL


C  VP-KARTE (GENORMT).. DATUM, VP-NR, TEXT
  100 READ(2,1000) ITG,MON,JAHR,NVP,(NBUF(I),I=1,35)
 1000 FORMAT(3I2,I4,35A2)
      IF(ITG) 10,100,20
   10 STOP1
   20 WRITE(3,2000)ITG,MON,JAHR,NVP,(NBUF(I),I=1,35)
 2000 FORMAT('1DATUM',3I3,5X,'VP',I4/1X,35A2)


C  BAND-FILEANFANG-KARTE..
C  BAND-NR, BANDFILE, ANFANGSBLOCK, SPEICHEROPTION,
C  VERSTAERKUNGSFAKTOREN FUER 3 KANAELE
  200 READ(2,3000) IREEL,IFILE,KFL,ISTNZ
     1,(IA(I),I=1,8)
 3000 FORMAT(20I4)
      IF(KFL)      210,220,210
  220 KFL=KFLA
  210 CONTINUE
      IFILE=MAX0(IFILE,1)
      KFL=MAX0(KFL,1)
      IF(ISTNZ) 212,211,212
  211 KFL=IBL
  212 CONTINUE
      IF(IREEL) 10,200,30
   30 WRITE(3,4000) IREEL,IFILE,KFL
 4000 FORMAT(' BAND, ANFANGSFILE, ANFANGSBLOCK',3I5)


C BAND POSITIONIEREN AUF ANFANGSFILE, DABEI WERDEN
C INFORMATIONEN VOM BAND ZUR VERFUEGUNG GESTELLT
      CALL RPSEL(IREEL,IFILE,1,IC)
      IF(NVP-RPPAR(10)) 61,62,61
   61 JUX=RPPAR(10)
      WRITE(3,63) JUX
   63 FORMAT('0ENTER VP',I5/)
      PAUSE 1998
      GOTO 100
   62 CONTINUE


C  PARAMETERKART 02.. ABSTAND JUGULUM-FINGER
  300 READ(2,5000) IPAR,IK,IVP
 5000 FORMAT(T10,I4,T75,I2,T78,I3)
      IF(IK-2) 300,40,10
   40 IF(IVP-NVP) 10,45,10
   45 WRITE(3,6000) IPAR
 6000 FORMAT(' ABSTAND JUGULUM-FINGER (MM)',I5)


C  EICHWERTE..
C  (VON KARTE)
      READ(2,7000)(NBUF(I),NULL(I),I=1,8),IK
 7000 FORMAT(16I4,T30,A1)
```

```
       J=1
       IF(IK-IE) 64,70,64
    60 CALL RPSEL(IREEL,IFILE,J,IC)
    64 CONTINUE
C  (VON BAND)
       READ(1'1)(NULL(I),NBUF(I),I=1,8)
       IF(NBUF(1)-IBL) 70,65,70
    65 J=J+1
       IF(J-15) 60,10,10
    70 CONTINUE
C  UMRECHNUNG IN EICHFAKTOREN
       DO 80  I=1,8
    80 EICH(I)=FLOAT(IA(I))/FLOAT(NBUF(I)-NULL(I))
       WRITE(3,8000)(EICH(I),NULL(I),I=1,8)
  8000 FORMAT(' EICH-, NULL-WERTE'/1X,8(F10.5,I5))
       IFILE=IFILE-1

C DISKETTE INITIALISIEREN
       IF(ISTNZ) 91,92,91
    91 MSG=NVP*100+1
       CALL FBWRI(1,107,MSG)
    92 CONTINUE
       END
C=========================================================================
```

NEFLH steuert die Initialisierung eines **neuen Band-Files** innerhalb eines Probanden, der Steuer-Parameter NUSTI zeigt das Ende eines Probanden, LUSTI den jeweils nächsten Reiz an. Das Programm enthält in einer Data-Anweisung die pro Proband vorliegende Phasenzahl(=Band-Files). In Zehner-Schritten werden die (groben) Reizorte innerhalb des Files von Karten gelesen (Block-Nummer und Ort innerhalb des Blocks in msec). Hieraus werden für die Auswertung des aktuellen Reizes der Anfangsblock (NBNRA = Blocknummer des Reizes −10 Blöcke = 20 Sekunden) und der Reizort in Zehntel-Sekunden bezogen auf den Auswerte-Beginn (NBNRE) berechnet. Daraufhin wird das Band auf den Anfangs-Block des Reizes positioniert.


```
Programm NEFLH:
---------------


C  ORGANISATION NEUER BAND-FILE (PHASE)
C  (PROGRAMM DARF NICHT LOCAL GESETZT WERDEN)

       SUBROUTINE NEFLH(IGO,LGO,IC)

C ASSEMBLER-FUNCTION FUER BAND-INFORMATIONEN
       INTEGER RPPAR
C REIZORTE MIT BLOCKNUMMER UND MSEC INNERHALB DES BLOCKS
       INTEGER BLOCK(10),MSEC(10)
COMMON (SIEHE HP)
       COMMON KERRO(4),IREEL,IFILE,ISTNZ,NVP,KFL,MFL,EICH(8),
      1NULL(8),NBNRA,NBNRE,INIT(5),IDUM(5),NBUF(500),
      2KBUF(500),IRR(100),IPAR,INULL,NRR
```

```fortran
C ANZAHL DER PHASEN IM EXPERIMENT
      DATA NPHAS/14/
C ANZAHL DER REIZ-ORTE AUF EINER KARTE
      DATA NSTIM/10/

      KGO=IGO
      IGO=IGO+1
      LGO=LGO+1
      IF(LGO-NSTIM) 20,20,10
   10 LGO=1
C LESEN DER REIZORTE
    7 CONTINUE
      READ(2,9) JPHAS,NSTIM,(BLOCK(I),MSEC(I),I=1,NSTIM)
    9 FORMAT(20I4)
      IF(JPHAS) 8,7,20
    8 IGO=0
      RETURN
C BAND POSITIONIEREN
   20 NBNRA=MAX0(1,BLOCK(LGO)-10)
      NBNRE=(BLOCK(LGO)-NBNRA)*20+MSEC(LGO)/100
      IF(ISTNZ) 11,12,11
   11 CONTINUE
      ISTNZ=IGO
   12 CONTINUE
      IFILE=IFILE+1
      IF(KGO) 41,34,41
   41 IFILE=IFILE+JPHAS-RPPAR(11)-1
C    (ASSEMBLER-PROGRAMM ZUR BANDPOSITIONIERUNG)
C    (BANDNUMMER, BAND-FILE-NUMMER, ANFANGSBLOCK, KANALMASKE)
   35 CALL RPSEL(IREEL,IFILE,NBNRA,IC)
   34 CONTINUE
C    (ABFRAGEN DER BANDPOSITION, ERKENNUNG VON BANDLESEFEHLERN)
      IF(NVP-RPPAR(10)) 36,31,36
   31 IF(JPHAS-RPPAR(11)) 32,39,32
   32 IFILE=IFILE+JPHAS-RPPAR(11)
      CALL RPSEL(IREEL,IFILE,NBNRA,IC)
      IF(NVP-RPPAR(10)) 37,33,37
   33 IF(JPHAS-RPPAR(11)) 37,39,37
   37 WRITE(3,38)
   38 FORMAT(' PHASE CANNOT BE FOUND')
      GOTO 10
   36 IFILE=IFILE-NPHAS
      IF(IFILE) 10,10,35
   39 CONTINUE
   21 FORMAT(' REIZ NR.',I3)
      WRITE(3,21) IGO
C EICHUNG MYOGRAMM (FESTER EICHFAKTOR BEI VERSAGEN
C  DER EICHPROZEDUR)
      IF(EICH(8)) 40,45,40
   45 EICH(8)=3.90625
   40 CONTINUE
      RETURN
      END
C==================================================================
```

Das Programm RSUCH sucht anhand des oben grob festgelegten Reizortes den **exakten Reizort** auf dem im Kanal 8 gespeicherten Signal (jeder Reiz ist als Rechteck-Impuls markiert) in Block-Nummer und Millisekunden innerhalb des Blocks. Dabei wird Anfang und Ende der Auswertung in Blöcken (Reiz-Block plus/minus 20 Sekunden) neu bestimmt (wichtig bei Band-Lese-Fehler). Wenn keine Reizmarke im Reizblock gefunden wird, wird die Grobmarke von Karten verwendet (Warnungs-Meldung).

```
Programm RSUCH:
----------------


C  SUCHEN EXAKTEN REIZORT IM BLOCK NRBL BEI MSR MSEC.
C  VERMUTETETER ORT (INPUT) BEI IRS*100 MSEC NACH BEGINN.

       SUBROUTINE RSUCH(IRS,NRBL,MSR)

C PARAMETER-FUNCTION (BANDLESE-KONTROLLE)
       INTEGER RPPAR
       COMMON KERRO(4),IREEL,IFILE,ISTNZ,NVP,KFL,MFL,EICH(8),
      1NULL(8),NBNRA,NBNRE,INIT(5),IDUM(5),NBUF(1000)
C KANALNUMMER DER REIZMARKEN
       DATA KAN/8/
C MINIMAL-HOEHE DER REIZMARKEN IN RECHNEREINHEITEN
       DATA IG/150/
C BERECHNEN DER MAXIMALEN BLOCKZAHL
       MAXBL=NBNRA+IFXRF((320.*FLOAT(RPPAR(6))
      1+FLOAT(RPPAR(7)))/500.)-1
       NRBL=IRS/20+NBNRA
       IF(NRBL-MAXBL) 7,6,6
     6 STOP2
     7 CONTINUE
       MSR=(IRS-(NRBL-NBNRA)*20)*100
       NBNRE=MINO(NBNRA+19,MAXBL)
C BERECHNEN DES ANFANGSBLOCKS
       NBNRA=RPPAR(9)-IFIX((FLOAT(RPPAR(6))*320.
      1+FLOAT(RPPAR(7)))/500.)+1
       WRITE(3,4) NBNRA,NBNRE
       NBV=NRBL-2
       CALL RPCHA(KAN)
       DO 10  I=NBNRA,NBV
    10 CALL RPDTS(NBUF,500)
       CALL RPDTS(NBUF,250)
       CALL RPDTS(NBUF,1000)
       DO 20  I=2,1000,4
       IF(NBUF(I)-IG) 20,20,25
    20 CONTINUE
       NOT=1
       GOTO 100
    25 NOT=2
       DO 30  J=I,1000,4
       IF(NBUF(J)-IG) 35,35,30
    30 CONTINUE
```

```
      J=1000
  35  MSR=(1+J)*2-1000+8
      IF(MSR) 40,45,45
  40  NRBL=NRBL-1
      MSR=MSR+2000
      GOTO 100
  45  IF(MSR-2000) 100,50,50
  50  NRBL=NRBL+1
      MSR=MSR-2000
 100  CONTINUE
   1  FORMAT(' REIZ IN BLOCK',I3,' BEI',I5,' MSEC')
   2  FORMAT(' VON KARTE')
   3  FORMAT(' VON BAND')
   4  FORMAT(' AUSWERTEBLOECKE',2I5)
      WRITE(3,1) NRBL,MSR
      GOTO(55,60),NOT
  55  WRITE(3,2)
      RETURN
  60  WRITE(3,3)
      RETURN
      END
C=============================================================
```

## 9.2. Auswertung des EKG und Korrektur der respiratorischen Arrhythmie

Im Programm ECG3 werden aus dem EKG die **RR-Abstände** bestimmt. Das Programm entspricht weitgehend dem in Kapitel 1 dargestellten Programm ECG30, trägt jedoch dem Umstand Rechnung, daß die hier verwendeten Reize nur schwache Intensitäten haben und daher als Quasi-Ruhe-Situationen angesehen werden können. Das Programm stützt sich bei der R-Zacken-Erkennung aus diesem Grund mehr auf die Amplitude als auf die Krümmung (Berechnung in GSKRZ), sowie auf ein stark eingeschränktes Zeitfenster, das aus dem jeweils vorangegangenen RR-Abstand bestimmt wird. (Anmerkung: die RR-Abstände liegen hier in msec und nicht in Abtastpunkten vor!).

```
Programm ECG3:
---------------

C   BESTIMMUNG DER RR-ABSTAENDE AUS DEM EKG
C   (VGL. ECG30)

      SUBROUTINE ECG3

      DIMENSION NBUF(1000)
      COMMON KERRO(4),IREEL,IFILE,ISTNZ,NVP,KFL,MFL,EICH(8),
     1NULL(8),MBNRA,NBNRE,INIT(5),JIRRQ,SCQJ,ISTG,JSTG,
     2MBUF(500),KBUF(500),IRR(100),IPAR,INULL,NRR
```

```fortran
      EQUIVALENCE (INIT(1),INITI),(MBUF(1),NBUF(1)),
     1(KBUF(1),NBUF(501))

C KANALNUMMER
      DATA ICANA/2/
C ABTASTZEIT IN MSEC
      DATA IDT/4/
C  PROZ= BEDINGUNG ZUR ERKENNUNG DER R-ZACKE
C  EXS  = SCHWELLE ZUR ERKENNUNG VON EXTRASYSTOLEN
      DATA PROZ,EXS/.5,2.5/

      NBNRA=MBNRA
      NRR=0
      IGO=1
      CALL RPCHA(ICANA)
      SCQ=SCQJ

C  INITIALISIERUNG..
 1000 CONTINUE
      NBNR=NBNRA+2
      IF(NBNR-NBNRE+3) 219,200,200
  219 CONTINUE
      JALT=0
      IGO=0
      CALL RPDTS(NBUF,1000)

C  SUCHEN ERSTE R-ZACKE
      IF(INITI) 705,705,715
  705 CALL GSKRZ(NBUF,1000,6,995,SCQ,IORT,IERR)
      IF(IERR-3) 706,740,740
  706 ISTG=SCQ*0.15
      JSTG=SCQ*0.35
      JIRRQ=0
      IF(SCQ-70.) 740,715,715

  715 CONTINUE
      IRRQ=150
      JD=IRRQ/5
      JS=993/JD
      JA=4
      H1=SCQ*(1.-PROZ)
      H2=SCQ*EXS
      MSTG=ISTG/2
      NSTG=JSTG/2
      KRU=0
      DO 720  J=1,JS
      CALL GSKRZ(NBUF,996,JA,JA+JD+5,AMPL,IORT,IERR)
      JA=JA+JD
      IF(IERR-3) 725,720,720
  725 IF((AMPL-H1)*(AMPL-H2)) 730,730,720
  730 CONTINUE
      KSTG=(NBUF(IORT)-NBUF(IORT-3)+NBUF(IORT-1)-NBUF(IORT-4)
     1+NBUF(IORT-2)-NBUF(IORT-5))/3
```

```fortran
      LSTG=(NBUF(IORT)-NBUF(IORT+3)+NBUF(IORT+1)-NBUF(IORT+4)
     1+NBUF(IORT+2)-NBUF(IORT+5))/3
      IF(KRU-KSTG-LSTG) 81,82,82
   81 CONTINUE
      JORT=IORT
      KRU=KSTG+LSTG
      KKS=KSTG
      LLS=LSTG
   82 CONTINUE
      IF(KSTG-MSTG) 720,735,735
  735 CONTINUE
      IF(LSTG-NSTG) 720,750,750
  720 CONTINUE
      IORT=JORT
      KSTG=KKS
      LSTG=LLS
      IF(KSTG-ISTG*2/5) 740,83,83
   83 CONTINUE
      IF(LSTG-JSTG*2/5) 740,750,750
  740 NBNRA=NBNR
      NRR=0
      GOTO 1000

  750 NRR=0
      IVER=IORT
      INULL=IVER*4
      JALT=0
      IO=1000
      NN=999
   75 CONTINUE
      IF(-JALT-8000) 76,740,740
   76 CONTINUE

C  NORMALER DURCHLAUF
C  VERSCHIEBEN SO , DASS R-ZACKE IM NULLPUNKT
      IO=IO-IVER
      DO 105  I=1,IO
      J=I+IVER
  105 NBUF(I)=NBUF(J)
      IF(NBNR-NBNRE) 107,107,108
  108 NN=NN-IVER
      IF(NN*3-IRRQ*5) 200,200,109
  107 CONTINUE
      IF(IO-500) 106,106,109
  106 CALL RPDTS(NBUF(IO+1),500)
      NBNR=NBNR+1
      IO=IO+500
  109 CONTINUE
      JD=IRRQ*3/20
      JA=IRRQ*3/5-JD
      MSTG=ISTG/2
      NSTG=JSTG/2
      KRU=0
      SAMPL=0.
```

```fortran
      DO 400  J=1,7
      JA=JA+JD
      CALL GSKRZ(NBUF,IO-4,JA,JA+JD+5,AMPL,IORT,IERR)
      SAMPL=SAMPL+AMPL
      ISAM=J
      IF(IERR-3) 415,400,400
  415 CONTINUE
      KSTG=(NBUF(IORT)-NBUF(IORT-3)+NBUF(IORT-1)-NBUF(IORT-4)
     1+NBUF(IORT-2)-NBUF(IORT-5))/3
      LSTG=(NBUF(IORT)-NBUF(IORT+3)+NBUF(IORT+1)-NBUF(IORT+4)
     1+NBUF(IORT+2)-NBUF(IORT+5))/3
      IF(KRU-KSTG-LSTG) 86,87,87
   86 CONTINUE
      JORT=IORT
      KRU=KSTG+LSTG
      KKS=KSTG
      LLS=LSTG
   87 CONTINUE
      IF(KSTG-MSTG) 400,410,410
  410 CONTINUE
      IF(LSTG-NSTG) 400,127,127
  400 CONTINUE
      IORT=JORT
      KSTG=KKS
      LSTG=LLS
      IF(KSTG-ISTG*3/10) 115,88,88
   88 CONTINUE
      IF(LSTG-JSTG*3/10) 115,127,127
  115 IVER=IRRQ
      JALT=JALT-IRRQ
      GOTO 75

C   VORLAEUFIGE R-ZACKE GEFUNDEN
C    ZU KLEINE AMPLITUDE = KEINE R-ZACKE.
  127 CALL GSKRZ(NBUF,IO,IORT-7 ,IORT+8 ,AMPL,IORT,IERR)
      IF(AMPL-SCQ*(1.-PROZ)) 137,129,129
C   ZU GROSSE AMPLITUDE = EXTRASYSTOLE ODER DATENFEHLER.
  129 IF(AMPL-SCQ*EXS) 130,116,116
  116 IVER=IORT
      JALT=JALT-IORT
      GOTO 75

C  R-ZACKEN MIT ZU KLEINER AMPLITUDE WERDEN GERETTET, WENN SIE
C  HOECHSTENS 10 PROZENT VOM ERWARTETEN ORT ABWEICHEN.
C  DER ERWARTETE ORT LIEGT CA.10 PROZENT VOM BISHERIGEN MITTEL-
C  WERT IN RICHTUNG LETZTEM R-ZACKEN-ORT.
  137 CONTINUE
      IF(NRR-1) 116,116,138
  138 CONTINUE
      IF(IRR(NRR-1)) 151,151,152
  151 IRRI=0
      GOTO 153
  152 IRRI=(IRR(NRR-1)-IRRQ*4)/10
  153 CONTINUE
```

```fortran
      LINKS=IRRQ*9/10+MINO(0,IRRI)
      IRECH=IRRQ*11/10+MAX0(0,IRRI)
      IRRI=IORT-JALT
      IF((IRRI-LINKS)*(IRRI-IRECH)) 130,130,116

C   R-ZACKE GEFUNDEN
  130 CONTINUE
      NRR=NRR+1
      IRR(NRR)=(IORT-JALT)*4
      JALT=0
      IF(NRR-1) 760,760,765
  760 IRRQ=IRR(1)/IDT
      IF(IRRQ-500) 761,740,740
  761 CONTINUE
      INITI=1
  765 CONTINUE
      SAMPL=(SAMPL-AMPL)/(ISAM-1)-AMPL*1.2
      IF(SAMPL) 1132,1133,1133
 1133 IRR(NRR)=-IRR(NRR)
      GOTO 133
 1132 CONTINUE
      IF(IRR(NRR)/IDT-MAX0(IRRQ*3/5,90) )   135,135,134
  135 IRRI=IABS(IRR(NRR-1))-IRRQ*4
      IF(IABS(IRRI+IRR(NRR))-IABS(IRRI)) 136,154,154
  154 JALT=-IRR(NRR)/4
      NRR=NRR-1
      IVER=IORT
      GOTO 75
  136 IRR(NRR-1)=IABS(IRR(NRR-1))+IRR(NRR)
      NRR=NRR-1
      GOTO 132
  134 CONTINUE
      IF(IRR(NRR)/IDT-IRRQ*5/3) 132,131,131
  131 IRR(NRR)=-IRR(NRR)+1
      GOTO 133
  132 CONTINUE
      SCQ=(SCQ*14.+AMPL)/15.
      ISTG=(ISTG*14+KSTG)/15
      JSTG=(JSTG*14+LSTG)/15
      IRRQ=(IRRQ*14+IRR(NRR)/IDT)/15
  133 IVER=IORT
      IF(NRR-100) 75,200,200

  200 INULL=INULL+(NBNRA-MBNRA)*2000
      SCQJ=SCQ
      JIRRQ=IRRQ*IDT
      RETURN
      END
C-----------------------------------------------------------------

C AUFSUCHEN EINES GIPFELS IN EINER KURVE
C  AUFRUFLISTE..
C    NBUF    KURVE DER LAENGE N
C    IU,IO   GRENZEN, IN DENEN GIPFEL GESUCHT WIRD
```

```
C    AMP       AMPLITUDE DES GIPFELS = MAXIMUM-MINIMUM IN (IU,IO)
C    IORT      ORT DES GIPFELS
C    IERR      FEHLER-AUSGANG (=3, WENN GIPFEL AM RAND UND KEIN
C              RELATIVES MAXIMUM, =0 SONST)

      SUBROUTINE GSKRZ(NBUF,N,IU,IO,AMP,IORT,IERR)
      INTEGER NBUF(1)
      IERR=0
      MAX=NBUF(IU)
      IORT=IU
      MIN=MAX
      DO 10  I=IU,IO
      MIN=MINO(MIN,NBUF(I))
      IF(NBUF(I)-MAX) 10,15,15
   15 MAX=NBUF(I)
      IORT=I
   10 CONTINUE
      AMP=MAX-MIN
      IF((IORT-IU)*(IORT-IO)) 100,20,100
   20 IF(IORT-IU) 50,25,50
   25 IF(IU-1) 40,40,30
   30 IF(NBUF(IU)-NBUF(IU-1)) 40,40,100
   40 IERR=3
      GOTO 100
   50 IF(IORT-N) 55,40,40
   55 IF(NBUF(IORT)-NBUF(IORT+1)) 40,40,100
  100 RETURN
      END
C===========================================================================
```

ECG4 führt **Plausibilitätskontrollen** der RR-Abstände durch. Einzelne als zu lang
erachtete RR-Abstände werden gerettet, wenn sie nicht länger als der längste gültige
RR-Abstand sind, jedoch werden im ersten Abschnitt (Vor-Reiz-Bereich) nur RR-
Abstände als gültig angesehen, die nicht länger als 5/3 des gleitenden Mittelwerts sind.


Programm ECG4:
-----------------

```
C   PLAUSIBILITAET DER RR-ABSTAENDE

      SUBROUTINE ECG4

      COMMON KERRO(4),IREEL,IFILE,ISTNZ,NVP,KFL,MFL,EICH(8),
     1NULL(8),NBNRA,NBNRE,INIT(5),JIRRQ,SCQJ,ISTG,JSTG,
     2NBUF(500),KBUF(500),IRR(100),IPAR,INULL,NRR

C MISSING-DATA-WORT (KONVENTION)
      DATA IBL/-32767/
C ABTASTRATE IN MSEC
      DATA IDT/4/

      IRRQ=JIRRQ/IDT
```

```fortran
      NRR=MAXO(NRR,0)
      IF(NRR) 220,220,200
C   SCHLUSS
  200 CONTINUE
C   ZU LANGE AM ANFANG
      JALT=0
      IRRI=0
      IRECH=MINO(NRR,40)
      LINKS=MAXO(1,IRECH-14)
      DO 9100  I=LINKS,IRECH
      IF(IRR(I)) 9100,9100,9105
 9105 IRRI=IRRI+IRR(I)
      JALT=JALT+1
 9100 CONTINUE
      IF(JALT) 9200,9200,9130
 9130 CONTINUE
      IRRI=IRRI/JALT
      DO 9110  I=1,IRECH
      IF(IRR(I)) 9110,9110,9115
 9115 IF(IRR(I)-IRRI*5/3) 9120,9120,9125
 9125 IRR(I)=-IRR(I)
      GOTO 9110
 9120 IRRI=(IRRI*14+IRR(I))/15
 9110 CONTINUE
 9200 CONTINUE

C   RETTEN, WAS MOEGLICH
      MAX=0
      DO 9005  I=1,NRR
      IF(IRR(I)) 9005,9005,9010
 9010 MAX=MAXO(MAX,IRR(I))
 9005 CONTINUE
      MAX=MAXO(MAX*15/14,JIRRQ)
      DO 9015  I=1,NRR
      IF(IRR(I)) 9020,9015,9015
 9020 IF((IRR(I)/IDT)*IDT-IRR(I)) 9025,9015,9025
 9025 IF(1-IRR(I)-MAX) 9030,9030,9016
 9030 IRR(I)=1-IRR(I)
      GOTO 9015
 9016 IRR(I)=IRR(I)-1
 9015 CONTINUE

C   PRUEFEN ZU LANGE FEHLER-RR-ABSTAENDE..
      LAENG=IRRQ*IDT
  205 DO 201  I=1,NRR
      IF(IRR(I)) 206,201,201
  206 CONTINUE
      IF(IABS(IRR(I))-LAENG*3/2) 201,201,202
  201 CONTINUE
      GOTO 204
  202 DO 203  J=I,NRR
      IJ=NRR-J+I+1
  203 IRR(IJ)=IRR(IJ-1)
      NRR=NRR+1
```

```
      IRR(IJ)=LAENG-IABS(IRR(I))
      IRR(I)=-LAENG
      GOTO 205
  204 CONTINUE
      IJ=SCQJ
      NRR=NRR-1
      NRR=MAXO(NRR,0)

  220 RETURN
      END
C===================================================================
```

Zu einer Korrektur der respiratorischen Arrhythmie ist es notwendig, zunächst die **Atemkurve** zu erzeugen. ATMG1 liest die Atemdaten vom Band, verdichtet sie zu einer Abtastzeit von 100 msec und eicht die reduzierte Atemkurve.

```
Programm ATMG1:
---------------

C  LESEN DER ATMUNG UND VORBEREITEN FUER RESP.ARRH.

      SUBROUTINE ATMG1(J)
C  J = ANZAHL DER ATEMPUNKTE.
      DIMENSION IATM(400),IEA(100)

      COMMON KERRO(4),IREEL,IFILE,ISTNZ,NVP,KFL,MFL,EICH(8),
     1NULL(8),NBNRA,NBNRE,INIT(5),IDUM(5),
     2NBUF(500),KBUF(500),IRR(100),IPAR,INULL,NRR
      EQUIVALENCE (KBUF(1),IATM(1)),(KBUF(401),IEA(1))

C KANAL-NUMMER UND MISSING-DATA-WORT
      DATA KAN,IBL/6,-32767/

      CALL RPCHA(KAN)
      J=0
      ISCHA=0
      DO 10  I=NBNRA,NBNRE
      CALL RPDTS(NBUF,500)

C REDUZIEREN AUF 100 MSEC ABTASTZEIT
      DO 20  L=1,500,25
      J=J+1
      IATM(J)=IFXRF(FLOAT(ISUMS(NBUF(L),25,1)/25-NULL(KAN))
     1*EICH(KAN))
   20 CONTINUE
   10 CONTINUE

C ATMUNG AUF ERSTEN RR-ABSTAND POSITIONIEREN
      JN=INULL/100
      J=J-JN
      DO 11  I=1,J
      L=I+JN
   11 IATM(I)=IATM(L)
```

```
      RETURN
      END
C==============================================================
```

Als nächstes wird in RRARE der **Reizort** in RR-Abständen und Millisekunden innerhalb des RR-Abstands bestimmt.

```
Programm RRARE:
----------------

C  SUCHEN DES RR-ABSTANDS, IN DEM DER REIZ LIEGT.

      SUBROUTINE RRARE(NRBL,MSR,NRRR,MSRR)
C  NRBL,MSR = REIZORT BLOCKORIENTIERT
C  NRRR,MSRR = REIZORT RR-ABST.-ORIENTIERT

      COMMON KERRO(4),IREEL,IFILE,ISTNZ,NVP,KFL.MFL,EICH(8),
     1NULL(8),NBNRA,NBNRE,INIT(5),IDUM(5),
     2NBUF(500),KBUF(500),IRR(100),IPAR,INULL,NRR

      REIZ=FLOAT(NRBL-NBNRA)*2000.+FLOAT(MSR)-0.5
      SUM=INULL
      DO 10  NRRR=1,NRR
      SUM=SUM+FLOAT(IABS(IRR(NRRR)))
      IF(SUM-REIZ) 10,10,20
   10 CONTINUE
      NRRR=NRR
   20 MSRR=REIZ+.5-SUM+IABS(IRR(NRRR))
      WRITE(3,1) NRRR,MSRR
    1 FORMAT(' REIZ IN RR NR./MSEC',2I5)

      RETURN
      END
C==============================================================
```

HAB02 nimmt weitere **Prüfungen der RR-Abstände** im Hinblick auf die Korrektur der
respiratorischen Arrhythmie vor, die bei großen Fehleranzahlen zu Fehlschlüssen füh-
ren würde. Dabei werden RR-Abstände außerhalb des Mittelwerts plus/minus zwei
Standardabweichungen als ungültig angesehen. Bei mehr als 25 % ungültigen RR-Abständen oder einem Fehler innerhalb des Bereichs −4 bis +8 Schläge um den Reizort
wird die Korrektur nicht vorgenommen (Fehlermarke).

```
Programm HAB02:
----------------

C  PRUEFEN DER RR-ABSTAENDE, FEHLERMARKE SETZEN, WENN
C   IM BEREICH DES REIZES FEHLERHAFTE RR-ABSTAENDE.
C   (WEGEN RESP.ARRH.KORR. KEINE MD ERLAUBT).

      SUBROUTINE HAB02(NORT)
```

```fortran
      COMMON KERRO(4),IREEL,IFILE,ISTNZ,NVP,KFL,MFL,EICH(8),
     1NULL(8),NBNRA,NBNRE,INIT(5),JIRRQ,SCQJ,ISTG,JSTG,
     2NBUF(500),KBUF(500),IRR(100),IPAR,INULL,NRR

      WRITE(3,3)
    3 FORMAT('0*** HERZFREQUENZ ***')

      IF(NRR) 5,5,6
    5 NRR=0
      RETURN
    6 CONTINUE

C MITTELWERT UND STANDARDABWEICHUNG
      V=0.
      S=0.
      N=0
      DO 10  I=1,NRR
      IF(IRR(I)) 10,9,10
    9 Q=FLOAT(IRR(I))          .
      S=S+Q
      V=V+Q*Q
      N=N+1
   10 CONTINUE
      S=S/N
      V=SQRT((V-S*S*N)/(N-1))

C GRENZEN FUER GUELTIGE RR-ABSTAENDE
      JS=IFXRF(S+2.*V)
      KS=IFXRF(S-2.*V)
C PRUEFEN
      DO 20  I=1,NRR
      IF(IRR(I)) 20,20,15
   15 IF(IRR(I)-JS) 16,17,17
   16 IF(IRR(I)-KS) 17,17,20
   17 IRR(I)=-IRR(I)
   20 CONTINUE

C  RAENDER
      DO 30  I=1,NORT
      IF(IRR(I)) 30,30,31
   30 CONTINUE
      GOTO 5
   31 J=I-1
      IF(J) 40,40,32
   32 NORT=NORT-J
      DO 33  I=1,J
   33 INULL=INULL-IRR(I)
      K=J
      NRR=NRR-J
      DO 34  I=1,NRR
      K=K+1
   34 IRR(I)=IRR(K)
   40 J=NRR+1
      DO 45  I=NORT,NRR
```

```fortran
      J=J-1
      IF(IRR(J)) 45,45,50
   45 CONTINUE
      GOTO 5
   50 NRR=J

C  PRUEFUNG 25 PROZENT GUELTIGE RR-ABSTAENDE VOR REIZ
      MD=0
      DO 60  I=1,NORT
      IF(IRR(I)) 55,55,60
   55 MD=MD+1
   60 CONTINUE
      IF(MD*4-NORT) 65,80,80
   65 CONTINUE

C -4. BIS +8. SCHLAG MUSS OHNE FEHLER SEIN
      J=MAX0(NORT-4,1)
      N=MIN0(NORT+8,NRR)
      DO 70  I=J,N
      IF(IRR(I)) 80,80,70
   70 CONTINUE
      IF(MD) 75,75,74
   80 NRR=-NRR
   74 INULL=MIN0(-INULL,-1)
   75 RETURN
      END
C=========================================================================
```

Das Programm DIFQU differenziert eine Kurve (erster **Differential-Quotient**). Das Programm wird auf die Atemkurve angewendet, da die Simulation der RR-Abstände durch Falten der differenzierten Atemkurve mit den Faltungskoeffizienten vorzunehmen ist.

```
Programm DIFQU:
----------------
```

```fortran
C DIFFERENZIEREN EINER KURVE MIT TIEFPASS
C DC = ORIGINAL-KURVE (LAENGE IEND)
C AC = DIFFERENZIERTE KURVE (LAENGE IEND)

      SUBROUTINE DIFQU(AC,DC,IEND)

      INTEGER AC(750),DC(750)

C  DIFFERENTIATION..
      AC(1)=2*(DC(2)-DC(1))
      IE=IEND-1
      AC(IEND)=2*(DC(IEND)-DC(IE))
      DO 1  I=2,IE
    1 AC(I)=DC(I+1)-DC(I-1)

C  FILTERUNG..
```

```
      DO 40  JJ=1,2
      ACAA=AC(1)
      ACA=AC(2)
      DO 40  I=2,IE
      AC(I)=0.25*(FLOAT(AC(I+1))+2.0*ACA+ACAA)
      ACAA=ACA
   40 ACA=AC(I+1)

      RETURN
      END
C==============================================================
```

Die Durchführung der Korrektur der **respiratorischen Arrhythmie** erfolgt in einem Rahmenprogramm RESPA mit einer Reihe von weiteren Unterprogrammen. Zunächst wird aus der differenzierten Atemkurve durch Faltung eine simulierte RR-Abstands-Folge erzeugt (an den Rändern mithilfe der echten RR-Abstände sinnvoll ergänzt). Der in SIMRR verwendete Algorithmus ist der Arbeit von Förster (1978) entnommen:

$$SRR(t)=FA*SUMME(A(i)*RP(t-i))+FB*SUMME(B(i)*RP(t-i))$$

wobei die erste Summe über alle Werte von RP(t–i) geht, die größer als null sind, die zweite über alle Werte von RP(t–i), die kleiner als null sind (RP differenzierte Atemkurve, A und B Faltungs-Koeffizienten für Inspiration und Exspiration, FA und FB Verstärkungs-Faktoren). Diese simulierte RR-Abstands-Folge ist zwar wegen fehlender Eichung der Atmung (in Liter pro Sekunde) nicht absolut verwendbar, zeigt aber im Verlauf die auf die Atmung zurückzuführende Veränderung und kann somit regressions-analytisch zur Korrektur der echten RR-Abstände benutzt werden.

Dazu wird die RR-Abstands-Folge zunächst verschieden stark hochpaß-gefiltert, um langsame Schwankungen (vasomotorische Aktivität, thermische Aktivität) zu eliminieren, die die zeitlichen Korrelationen verfälschen würden (RIF). Sodann wird aus der echten RR-Abstands-Folge die simulierte auspartialisiert, wobei der Regressions-Koeffizient nur aus dem Vor-Reiz-Abschnitt bestimmt wird (HAB03 und HAB04). Eine zeitliche Verschiebung von einem Schlag wird toleriert (lead und lag 0 oder 1). Schließlich werden die Mittelwerte der echten und korrigierten RR-Abstands-Folge ausgeglichen (HAB05).


```
Programm RESPA:
-----------------


C  RAHMEN-UNTERPROGRAMM ZUR KORREKTUR DER RESPIRATORISCHEN
C  ARRHYTHMIE.

      SUBROUTINE RESPA(JAT,NORT,MSRR)
C  LAENGE DES ATMUNGSFELDES, ORT DES REIZES IN RR-ABSTAENDEN.

      INTEGER R(400),A(200),B(200),SRR(100),KRR(100),KRRF(100),
```

```fortran
     1SRRF(100),KRRIF(100),SRRIF(100),IC(10)

      COMMON KERRO(4),IREEL,IFILE,ISTNZ,NVP,KFL,MFL,EICH(8),
     1NULL(8),NBNRA,NBNRE,INIT(5),IDUM(5),NBUF(500),
     2KBUF(500),IRR(100),IPAR,INULL,NRR
      EQUIVALENCE (NBUF(1),A(1)),(NBUF(201),B(1)),(NBUF(401),
     1SRR(1)),(KBUF(1),R(1)),(KBUF(401),KRR(1)),(A(1),KRRF(1)),
     2(A(101),KRRIF(1)),(B(1),SRRF(1)),(B(101),SRRIF(1))

C FILTERLAENGE
      DATA NN/200/
C LESEN FALTUNGSKOEFFIZIENTEN VON PLATTENFILE
      KFL=1
      READ(2'KFL) IC,FP,A,FM,B
C  SIMULATION
      IF(NORT-2) 3,3,4
    3 INULL=-IABS(INULL)
    4 CONTINUE
      IF(INULL) 2,2,1
    1 CONTINUE
      CALL SIMRR(R,JAT,IRR,SRR,NRR,A,B,NN,FP,FM)
C  SUKZESSIVES AUSPARTIALISIEREN DER VERSCHIEDEN SCHNELLEN
C  ANTEILE DER RESPIRATORISCHEN ARRHYTHMIE.
C  DABEI WERDEN DIE REGRESSIONS-PARAMETER JEWEILS AUS DER
C  PRAE-REIZ-PHASE GESCHAETZT, DANN AUF GESAMT-PHASE ANGEWENDET.
      CALL ICOPY(IRR,KRR,NRR)
      KG1=NRR/5
      KG2=2*NRR/3
      KG3=MAX0((KG2-KG1)/5,1)
      PROZ=0.
      DO 100  KG=KG1,KG2,KG3
      CALL ICOPY(KRR,KRRIF,NRR)
      CALL RIF(KRRIF,NRR,KG)
      CALL ICOPY(SRR,SRRIF,NRR)
      CALL RIF(SRRIF,NRR,KG)
      DO 10  I=1,NRR
      KRRF(I)=KRR(I)-KRRIF(I)
   10 SRRF(I)=SRR(I)-SRRIF(I)
      CALL HAB03(SRRF,KRRF,NORT,XQ,BETA,PROZ)
      CALL HAB04(SRRF,KRRF,NRR,XQ,BETA)
      CALL HAB03(SRRF(2),KRRF,NORT-1,XQ,BETA,PROZ)
      CALL HAB04(SRRF(2),KRRF,NRR-1,XQ,BETA)
      CALL HAB03(SRRF,KRRF(2),NORT-1,XQ,BETA,PROZ)
      CALL HAB04(SRRF,KRRF(2),NRR-1,XQ,BETA)
      DO 20  I=1,NRR
   20 KRR(I)=KRRIF(I)+KRRF(I)
  100 CONTINUE
      CALL HAB03(SRR,KRR,NORT,XQ,BETA,PROZ)
      CALL HAB04(SRR,KRR,NRR,XQ,BETA)
C  MITTELWERTS-AUSGLEICH
      CALL HAB05(IRR,KRR,NRR)
    2 CONTINUE
C  AUSWERTUNG HABITUATION (LANG ET AL.) MIT OUTPUT
      CALL HAB06(NORT,MSRR)
```

```fortran
      CALL HAB15(NORT,PROZ)
      RETURN
      END
C-----------------------------------------------------------------------

C  SIMULATION DER ATEMBEDINGTEN RR-ABSTAENDE
C  AUS DER ATEMKURVE (MODELL DER RESPIRATORISCHEN
C  ARRHYTHMIE)
C  AUFRUFLISTE..
C   RP    DIFFERENZIERTE ATEMKURVE
C   NDIM  ANZAHL ATEM-PUNKTE
C   RR    RR-ABSTAENDE
C   SRR   SIMULIERTE RR-ABSTAENDE
C   NRR   ANZAHL RR-ABSTAENDE
C   A,B,NN,FACTA,FACTB FILTER-KONSTANTEN DER SIMULATION

      SUBROUTINE SIMRR(RP,NDIM,RR,SRR,NRR,A,B,NN,FACTA,FACTB)
      INTEGER RP(1),RR(1),SRR(1),A(1),B(1)
      DATA NANF/10/

      NY=200/NN
C SIMULATION
C  ANFANGS-STUECK
      DO 10   I=1,NANF
   10 SRR(I)=RR(I)
C  MITTLERER RR-ABSTAND
      SUM=FLOAT(ISUMS(RR,NANF,1))
      RRM=SUM/NANF
C  SIMULATION VON IA BIS ENDE
      IA=NANF+1
      DO 100  I=IA,NRR
      SUM=SUM+RR(I)
      KI=IFIX(SUM*.01)+NY
      IF(KI-NY-NDIM) 40,40,110
   40 CONTINUE
      RRABP=0.
      RRABM=0.
      INDEX=KI
      DO 20 J=1,NN
      INDEX=INDEX-NY
      IF(INDEX)  20,20,30
   30 IF(RP(INDEX)) 31,20,32
   31 CALL MDWR(B(J),RP(INDEX),P)
      RRABM=RRABM+P
      GOTO 20
   32 CALL MDWR(A(J),RP(INDEX),P)
   33 RRABP=RRABP+P
   20 CONTINUE
      SRR(I)=IFXRF(RRABP*FACTA+RRABM*FACTB+RRM)
  100 CONTINUE
      GOTO 210
  110 DO 70   J=I,NRR,1
      SRR(J)=SRR(J-1)-RR(J-1)+RR(J)
   70 CONTINUE
```

```fortran
  210 DO 211  I=1,NANF
      J=NANF-I+1
  211 SRR(J)=SRR(J+1)-RR(J+1)+RR(J)
  200 RETURN
      END
C---------------------------------------------------------------

C TIEFPASS-FILTERUNG
C R*(I)=(R(I-1)+2*R(I)+R(I+1))/4
C  AUFRUFLISTE..
C    R   KURVE DER LAENGE K
C    L   ANZAHL DER GLAETT-VORGAENGE

      SUBROUTINE RIF(R,K,L)
      INTEGER R(2)
      INTEGER RIKM,RIK,RIKP

      IF(L) 10,10,20
   10 RETURN
   20 CONTINUE

      KM=K-1
      DO1 IL=1,L
      RIKM=R(1)
      RIK=R(2)
      DO1 IK=2,KM
      IKP=IK+1
      RIKP=R(IKP)
      R(IK)=(RIKM+2*RIK+RIKP)/4
      RIKM=RIK
    1 RIK=RIKP

      RETURN
      END
C---------------------------------------------------------------

C REGRESSION VON Y AUF X.
C  OUTPUT..
C    XQ     MITTELWERT VON X
C    BETA   REGRESSIONSKOEFFIZIENT
C    PROZ   PROZENT DES AUSPARTIALISIERTEN ANTEILS (KUMULATIV)
C  (ACHTUNG.. SUM(X), SUM(Y) , I=1...N/2,  KLEINER 32767 )

      SUBROUTINE HAB03(X,Y,N,XQ,BETA,PROZ)
      INTEGER X(1),Y(1)

      N2=N/2
      XQ=(FLOAT(ISUMS(X,N2,1))+FLOAT(ISUMS(X(N2+1),N-N2,1)))
     1/FLOAT(N)
      YQ=(FLOAT(ISUMS(Y,N2,1))+FLOAT(ISUMS(Y(N2+1),N-N2,1)))
     1/FLOAT(N)
      SX=0.
      SY=0.
```

```fortran
      SXY=0.
      DO 10  I=1,N
      SX=SX+(X(I)-XQ)**2
      SY=SY+(Y(I)-YQ)**2
   10 SXY=SXY+(X(I)-XQ)*(Y(I)-YQ)
      BETA=SXY/SX
      PROZ=PROZ+(100.-PROZ)*BETA*SXY/SY
      RETURN
      END
C--------------------------------------------------------------------

C  AUSPARTIALISISEREN X AUS Y.
C  XQ, BETA = REGRESSIONS-PARAMETER (INPUT)

      SUBROUTINE HAB04(X,Y,N,XQ,BETA)
      INTEGER X(1),Y(1)

      DO 10  I=1,N
   10 Y(I)=Y(I)-BETA*(X(I)-XQ)
      RETURN
      END
C--------------------------------------------------------------------

C  MITTELWERT-AUSGLEICH BEI RR-ABSTAENDEN (MAX 70 SEC).

      SUBROUTINE HAB05(X,Y,N)
      INTEGER X(1),Y(1)

      N2=N/2
      YQ=(FLOAT(ISUMS(X,N2,1))-FLOAT(ISUMS(Y,N2,1))+
     1FLOAT(ISUMS(X(N2+1),N-N2,1))-FLOAT(ISUMS(Y(N2+1),N-N2,1)))
     2/FLOAT(N)
      IY=IFXRF(YQ)
      DO 10  I=1,N
   10 Y(I)=Y(I)+IY
      RETURN
      END
C====================================================================
```

Die Programme HAB06 und HAB15 besorgen die Bildung von **Herzfrequenz-Kenn-werten** bei Orientierungs-Reaktionen und deren Ausgabe. Da in der Literatur Uneinigkeit über solche Kennwerte herrscht, werden drei Parametrisierungen nach P. J. Lang und M. Hnatiow (1962), L. C. Johnson et al. (1975) und nach N. Birbaumer (1975) mit insgesamt 19 Kennwerten durchgeführt:

1. Mittelwert vor Reiz.
2. Akzeleration (Lang) = höchste Herzfrequenz in den Schlägen 1–5 nach dem Reiz.
3. Dezeleration (Lang) = erstes relatives Minimum nach der Akzeleration, das kleiner als der Akzelerationswert ist.
4. Dezeleration (Lang) = kleinste Herzfrequenz in 20 Schlägen nach der Akzeleration.
5. Akzeleration(2) – Dezeleration(3) (Lang).
6. Akzeleration(2) – Dezeleration(4) (Lang).

7. Erste Dezeleration (Johnson) = kleinste Herzfrequenz in den Schlägen 1–3 nach dem Reiz.

8. Akzeleration (Johnson) = größte Herzfrequenz in den Schlägen 2–8 nach dem Reiz.

9. Zweite Dezeleration (Johnson) = kleinste Herzfrequenz in den Schlägen 8–20 nach dem Reiz.

10. Akzeleration(8) – Dezeleration(7) (Johnson).

11. Akzeleration(8) – Dezeleration(9) (Johnson).

12. Akzeleration (Birbaumer) = größte Herzfrequenz in der Zeit bis 2.5 Sekunden nach dem Reiz.

13. Dezeleration (Birbaumer) = kleinste Herzfrequenz in der Zeit von 2.5 bis 7 Sekunden nach dem Reiz.

14. Akzeleration(12) – Dezeleration(13) (Birbaumer).

Alle Kennwerte (2) bis (14) sind jeweils auf die mittlere Herzfrequenz vor dem Reiz (1) bezogen.

Außerdem werden vier Kennwerte der Herzfrequenz-Variabilität berechnet:

15. Differenz der Standardabweichungen nach – vor dem Reiz.
16. Quotient der Standardabweichungen nach : vor dem Reiz.
17. Differenz MQSD (vgl. Kapitel 1) nach – vor dem Reiz.
18. Quotient MQSD (vgl. Kapitel 1) nach : vor dem Reiz.

Schließlich wird als Gütemaß der Korrektur der respiratorischen Arrhythmie der Anteil der gemeinsamen Varianz von echten und simulierten RR-Abstands-Folgen mitgeteilt (19).


```
Programme HAB06 und HAB15:
------------------------------

C  AUSWERTUNG EKG BEI HABITUATION
C  (PARAMETER DES HABITUATIONS-PARADIGMAS NACH
C   LANG, JOHNSON, BIRBAUMER UND ANDEREN)

       SUBROUTINE HAB06(NORT,MSRR)

C NORT, MSRR = REIZORT IN RR-ABSTAENDEN MIT MSEC-ANGABE
C PARAMETER VOR REIZ IN JOUT
C PARAMETER NACH REIZ IN IOUT

       INTEGER KRR(100),IOUT(18),JOUT(18)
       COMMON KERRO(4),IREEL,IFILE,ISTNZ,NVP,KFL,MFL,EICH(8),
      1NULL(8),NBNRA,NBNRE,INIT(5),JIRRQ,SCQJ,ISTG,JSTG,
      2NBUF(500),KBUF(500),IRR(100),IPAR,INULL,NRR
       EQUIVALENCE (NBUF(401),IOUT(1)),(NBUF(421),JOUT(1)),
      1(KBUF(401),KRR(1))
C MISSING-DATA-WORT
       DATA IBL/-32767/

C PARAMETER BERECHNEN OHNE/MIT KORREKTUR DER RESPIRATORISCHEN
C ARRHYTHMIE (AUS IRR/KRR).
       DO 100 KUDDL=1,2
```

```fortran
C   LANG
      B=MSRR
      J=MAX0(NORT,2)
      X=0.
      MD=0
      DO 50   I=2,NORT
      J=J-1
      B=B+IABS(IRR(J))
      IF(IRR(J)) 113,113,114
  114 MD=MD+1
      X=X+6.E5/FLOAT(IRR(J))
  113 CONTINUE
      IF(B-2500.) 50,51,51
   50 CONTINUE
   51 IOUT(1)=IFXRF(X/FLOAT(MD))
      IXL=10000
      JL=NORT
      JJ=NORT
      DO 52   I=1,5
      JL=JL+1
      IF(IXL-IRR(JL)) 52,52,80
   80 JJ=JL
      IXL=IRR(JL)
   52 CONTINUE
      IOUT(2)=IFXRF(6.E5/FLOAT(IXL))-IOUT(1)
      J=NRR-1
      JL=MIN0(JJ+1,J)
      DO 53   I=JL,J
      IF(IRR(I-1)) 53,53,117
  117 IF(IRR(I)) 53,53,118
  118 IF(IRR(I+1)) 53,53,119
  119 CONTINUE
      IF(IRR(I)-IXL) 53,53,544
  544 CONTINUE
      IF(IRR(I)-IRR(I-1)) 53,54,54
   54 IF(IRR(I)-IRR(I+1)) 53,55,55
   53 CONTINUE
      IOUT(3)=IBL
      IOUT(5)=IBL
      GOTO 56
   55 IOUT(3)=IFXRF(6.E5/FLOAT(IRR(I)))-IOUT(1)
      IOUT(5)=IOUT(2)-IOUT(3)
   56 J=MIN0(JL+20,NRR)
      IXL=0
      DO 57   I=JL,J
   57 IXL=MAX0(IXL,IRR(I))
      IOUT(4)=IFXRF(6.E5/FLOAT(IXL))-IOUT(1)
      IOUT(6)=IOUT(2)-IOUT(4)
      IF(IXL) 85,85,86
   85 IOUT(4)=IBL
      IOUT(6)=IBL
   86 CONTINUE

C   JOHNSON
      JL=MIN0(NORT+1,NRR)
      JJ=MIN0(NORT+3,NRR)
```

```
      IXL=0
      DO 81   I=JL,JJ
   81 IXL=MAXO(IXL,IRR(I))
      IOUT(7)=IFXRF(6.E5/FLOAT(IXL))-IOUT(1)
      JL=MINO(NORT+2,NRR)
      JJ=MINO(NORT+8,NRR)
      IXL=10000
      IXJ=JL
      DO 82   I=JL,JJ
      IF(IXL-IRR(I)) 82,82,83
   83 IXJ=I
      IXL=IRR(I)
   82 CONTINUE
      IOUT(8)=IFXRF(6.E5/FLOAT(IXL))-IOUT(1)
      JL=MINO(IXJ+1,NRR)
      JJ=MINO(NORT+20,NRR)
      IXL=0
      DO 84   I=JL,JJ
   84 IXL=MAXO(IXL,IRR(I))
      IOUT(9)=IFXRF(6.E5/FLOAT(IXL))-IOUT(1)
      IOUT(10)=IOUT(8)-IOUT(7)
      IOUT(11)=IOUT(8)-IOUT(9)
      IF(IXL) 87,87,88
   87 IOUT(9)=IBL
      IOUT(11)=IBL
   88 CONTINUE

C   BIRBAUMER
      IXL=10000
      JL=NORT+1
      B=IRR(NORT)-MSRR
      DO 59   I=JL,NRR
      B=B+IABS(IRR(I))
      IF(IRR(I)) 121,121,122
  122 CONTINUE
      IXL=MINO(IXL,IRR(I))
  121 CONTINUE
      IF(B-2500.) 59,60,60
   59 CONTINUE
   60 IOUT(12)=IFXRF(6.E5/FLOAT(IXL))-IOUT(1)
      JL=MINO(I+1,NRR)
      IXL=0
      DO 61   I=JL,NRR
      IXL=MAXO(IXL,IRR(I))
      B=B+IRR(I)
      IF(B-7000.) 61,62,62
   61 CONTINUE
   62 IOUT(13)=IFXRF(6.E5/FLOAT(IXL))-IOUT(1)
      IOUT(14)=IOUT(12)-IOUT(13)

C   ANDERE
      XQ=6.E5/FLOAT(IRR(1))
      SX=XQ*XQ
      QS=0.
```

```
      Y=XQ
      JL=NORT-1
      MD=1
      DO 63  I=2,JL
      IF(IRR(I)) 63,63,111
  111 MD=MD+1
      X=6.E5/FLOAT(IRR(I))
      XQ=XQ+X
      SX=SX+X*X
      QS=QS+(X-Y)*(X-Y)
      Y=X
   63 CONTINUE
      IOUT(15)=IFXRF(SQRT((SX-XQ*XQ/MD)/(MD-1)))
      IOUT(17)=IFXRF(SQRT(QS/(MD-1)))
      JL=NORT+1
      XQ=6.E5/FLOAT(IRR(NORT))
      SX=XQ*XQ
      QS=0.
      Y=XQ
      MD=1
      DO 64  I=JL,NRR
      IF(IRR(I)) 64,64,112
  112 MD=MD+1
      X=6.E5/FLOAT(IRR(I))
      XQ=XQ+X
      SX=SX+X*X
      QS=QS+(X-Y)*(X-Y)
      Y=X
   64 CONTINUE
      IOUT(16)=IFXRF(SQRT((SX-XQ*XQ/MD)/(MD-1)))
      IOUT(18)=IFXRF(SQRT(QS/(MD-1)))
      IXL=IOUT(16)-IOUT(15)
      IOUT(16)=IFXRF(FLOAT(IOUT(16))/FLOAT(IOUT(15))*100.)
      IOUT(15)=IXL
      IXL=IOUT(18)-IOUT(17)
      IOUT(18)=IFXRF(FLOAT(IOUT(18))/FLOAT(IOUT(17))*100.)
      IOUT(17)=IXL

C  OUTPUT
      GOTO(65,66),KUDDL
   65 CONTINUE
      IF(NRR) 102,102,68
  102 DO 103  I=1,18
  103 IOUT(I)=IBL
      GOTO 68
   66 CONTINUE
      IF(INULL) 102,68,68
   68 CONTINUE
      GOTO(67,69),KUDDL
   67 DO 70  I=1,18
   70 JOUT(I)=IOUT(I)
   69 CONTINUE
      NRR=IABS(NRR)
      DO 71  I=1,NRR
```

114

```fortran
      IXL=IRR(I)
      IRR(I)=KRR(I)
   71 KRR(I)=IXL

  100 CONTINUE

C ERSTER (UNVOLLSATENDIGER) RR-ABSTAND
      INULL=IABS(INULL)

      RETURN
      END
C----------------------------------------------------------------

C  OUTPUT FUER HERZFREQUENZ.

      SUBROUTINE HAB15(NORT,PROZ)

      INTEGER KRR(100),IOUT(18),JOUT(37)
      COMMON KERRO(4),IREEL,IFILE,ISTNZ,NVP,KFL,MFL,EICH(8),
     1NULL(8),NBNRA,NBNRE,INIT(5),IDUM(5),NBUF(500),
     2KBUF(500),IRR(100),IPAR,INULL,NRR
      EQUIVALENCE (NBUF(401),IOUT(1)),(NBUF(421),JOUT(1)),
     1(KBUF(401),KRR(1))

C  AUSGABE (NUR WENN SCHALTER GESETZT)
    2 FORMAT(' RR V/N')
    3 FORMAT(' K.RR V/N')
    4 FORMAT(1X,20I6)
      CALL DATSW(1,I1)
      GOTO(30,40),I1
   30 CONTINUE
      WRITE(3,2)
      WRITE(3,4)(IRR(I),I=1,NORT)
      WRITE(3,4)(IRR(I),I=NORT,NRR)
      WRITE(3,3)
      WRITE(3,4)(KRR(I),I=1,NORT)
      WRITE(3,4)(KRR(I),I=NORT,NRR)
   40 CONTINUE

C  DRUCKEN..
   67 FORMAT(' UNKORRIGIERT')
   69 FORMAT(' KORRIGIERT (R**2 =',F6.1,')')
   70 FORMAT(5X,'MW',13X,'LANG(X,Y,Z,D1,D2)',7X,'JOHNSON(Y1,X,Y2,D1,D2)'
     1,3X,'BIRBAUMER(X,Y,D)',4X,'STD(D,Q)',3X,'MQSD(D,Q)'/
     221X,108(1H-)/1X,18I6)
      WRITE(3,67)
      WRITE(3,70)(JOUT(I),I=1,18)
      WRITE(3,69) PROZ
      WRITE(3,70) IOUT

C  ABSPEICHERN AUF DISKETTE..
      IF(ISTNZ) 50,100,50
   50 DO 51  I=1,18
   51 JOUT(I+18)=IOUT(I)
```

```
      JOUT(37)=IFXRF(PROZ*10.)
      CALL FBWRT(37,JOUT,JUX)
C  FEHLER BEIM ABSPEICHERN
      IF(JUX) 2233,100,100
 2233 WRITE(3,2234) JUX
 2234 FORMAT('0EKG',I5)
      PAUSE 8181
  100 CONTINUE

      RETURN
      END
C==================================================================
```

## 9.3. Atmung

Die Atmung wurde wie im Kapitel 6 beschrieben mittels Atemgürtel registriert und im Programm ATMG1 auf eine Abtastzeit von 100 msec reduziert. Da die hier verwendeten Reize keine wesentlichen Bewegungs-Artefakte (Nullinien-Schwankungen) befürchten lassen, kann ein einfaches Nulldurchgangs-Verfahren angewendet werden. Das Programm ATMG2 bestimmt aus der Atemkurve die Nulldurchgänge und dazwischen die Extremwert-Orte.

```
Programm ATMG2:
----------------


C  BESTIMMUNG DER EXTREMWERT-ORTE DER ATMUNG

      SUBROUTINE ATMG2(N,L)
C  N = LAENGE DER ATEMKURVE = IATM
C  L = ANZAHL DER EXTREMWERT-ORTE ATMUNG = IAE

      DIMENSION IATM(400),IAE(100)
      COMMON KERRO(4),IREEL,IFILE,ISTNZ,NVP,KFL,MFL,EICH(8),
     1NULL(8),NBNRA,NBNRE,INIT(5),IDUM(5),
     2NBUF(500),KBUF(500),IRR(100),IPAR,INULL,NRR
      EQUIVALENCE (KBUF(1),IATM(1)),(KBUF(401),IAE(1))

C MINDESTAMPLITUDE DER ATMUNG, MAXIMALE ANZAHL EXTREMWERTE
      DATA IG,LE/30,100/

      WRITE(3,204)
C  NULLSTELLEN
      K=0
      DO 50  I=2,N
      IF(IATM(I)) 51,52,53
   51 IF(IATM(I-1))50,50,52
   53 IF(IATM(I-1))52,50,50
   52 K=K+1
```

116

```
      NBUF(K)=I
   50 CONTINUE

C  EXTREMA ZWISCHEN 2 NULLSTELLEN
      MU=IATM(1)/IABS(IATM(1))
      L=0
      DO 100   I=2,K
      MAMI=0
      MMABS=0
      JU=NBUF(I-1)
      JO=NBUF(I)
      JMAMI=JU
      DO 10   J=JU,JO
      IF(IABS(IATM(J))-MMABS) 10,10,15
   15 JMAMI=J
      MAMI=IATM(J)
      MMABS=IABS(MAMI)
   10 CONTINUE
      LP=1
      CALL MDWR(MAMI,MU,Q)
      IF(Q) 30,20,20
   20 IF(MMABS-IABS(MU)) 100,100,25
   25 LP=0
   30 IF(IABS(MAMI-MU)-IG) 100,100,40
   40 L=MAX0(L+LP,1)
      MU=MAMI
      IAE(L)=JMAMI
      IF(L-LE) 100,200,200
  100 CONTINUE
  200 CONTINUE

C KONTROLLAUSDRUCK, WENN SCHALTER GESETZT
      CALL DATSW(3,I3)
      GOTO(201,202),I3
  201 CONTINUE
      WRITE(3,205)(IATM(I3),I3=1,N)
      WRITE(3,203)
      WRITE(3,205)(IAE(I3),I3=1,L)
  202 CONTINUE
  203 FORMAT(' EXTREMA-ORTE')
  204 FORMAT('0*** ATMUNG ***')
  205 FORMAT(1X,20I6)

      RETURN
      END
C================================================================
```

ATMG3 bestimmt die **Lage des Reizes** in der Atemkurve und im Feld der Extremwert-Orte.


```
Programm ATMG3:
---------------


C  ATMUNG
```

```
C   (BESTIMMUNG DES REIZORTS IN DER ATEMKURVE UND
C    IM FELD DER EXTREMWERT-ORTE)

      SUBROUTINE ATMG3(N,L,IAZ,NRBL,MSR,IGU,IGO,IST,LST)

C   IATM      ATEMKURVE (IN 100 MS) DER LAENGE N
C   IAE       EXTREMWERT-ORTE ATMUNG DER LAENGE L
C   IAZ       ANZAHL DER ZU ANALYSIERENDEN ATEMZUEGE (VOR/NACH STIM.)
C   NRBL, MSR  REIZORT IN BLOECKEN UND MSEC
C   IGU, IGO   UNTERE/OBERE GRENZE VON IATM (IAZ ATEMZ. VOR/NACH
C              STIMULUS (OUTPUT)
C   IST, LST   REIZORTE IN IATM, IAE

      DIMENSION IATM(400),IAE(100)
      COMMON KERRO(4),IREEL,IFILE,ISTNZ,NVP,KFL,MFL,EICH(8),
     1NULL(8),NBNRA,NBNRE,INIT(5),IDUM(5),NBUF(500)
      COMMON KBUF(500),IRR(100),IPAR,INULL,NRR
      EQUIVALENCE (KBUF(1),IATM(1)),(KBUF(401),IAE(1))

C ABTASTZEIT ATEMKURVE (MSEC)
      DATA ISW/100/

      IST=IFIX((FLOAT(NRBL-NBNRA)*2000.+FLOAT(MSR-INULL))/FLOAT(ISW))
      DO 10   I=1,L
      LST=I
      IF(IAE(I)-IST) 10,10,20
   10 CONTINUE
      LST=IBL
   15 CONTINUE
      IGU=IBL
      IGO=IBL
      GOTO 100
   20 IF(I-2*IAZ-1) 15,15,25
   25 IF(L-2*IAZ-I) 15,30,30
   30 CONTINUE
      J1=IAE(I-1)
      J2=IAE(I)
      V=FLOAT(J1-IST)/FLOAT(J1-J2)
      I=I-2*IAZ
      J1=IAE(I-1)
      J2=IAE(I)
      IGU=J1-V*FLOAT(J1-J2)
      I=I+4*IAZ
      J1=IAE(I-1)
      J2=IAE(I)
      IGO=J1-V*FLOAT(J1-J2)
  100 CONTINUE

      RETURN
      END
C======================================================================
```

HAB07 schätzt aus der Atemkurve und den Extremwert-Orten die folgenden **Kennwerte,** jeweils als Mittelwert vor und nach dem Reiz, sowie als Differenz und Quotient vor/nach dem Reiz:

– Atemfrequenz
– Atemamplitude (Differenz zweier benachbarter Extrema)
– Atemaktivität (Frequenz* Amplitude)
– Gestaltparameter 1 (Frequenz / Amplitude)
– Gestaltparameter 2 (Steigungsverhältnis von Inspiration zu Exspiration).

Außerdem wird als Kontrolle für das EDA-Signal eine „Seufzer-Marke" gesetzt (NULL(7)=1), wenn die erste Amplitude nach oder direkt beim Reiz die mittlere Amplitude vor dem Reiz um 50 % übersteigt.


```
Programm HAB07:
----------------


C  HABITUATION.. AUSWERTUNG DER ATMUNG.

C AUFRUFLISTE..
C  N = LAENGE DER ATEMKURVE=IATM
C  L = ANZAHL DER EXTREMWERT-ORTE DER ATEMKURVE=IAE
C  IGU,IGO = AUSWERTUNGSGRENZEN IN 100 MSEC
C  IST,LST = REIZORT IN IATM,IAE

       SUBROUTINE HAB07(N,L,IGU,IGO,IST,LST)

       DIMENSION IATM(400),IAE(100)
       COMMON KERRO(4),IREEL,IFILE,ISTNZ,NVP,KFL,MFL,EICH(8),
      1NULL(8),NBNRA,NBNRE,INIT(5),IDUM(5),
      2NBUF(500),KBUF(500),IRR(100),IPAR,INULL,NRR
       EQUIVALENCE (KBUF(1),IATM(1)),(KBUF(401),IAE(1))
       EQUIVALENCE(IFV,NBUF(1)),(IFN,NBUF(2)),(IDF,NBUF(3)),
      1(IFQ,NBUF(4)),(IAV,NBUF(5)),(IAN,NBUF(6)),(IDA,NBUF(7)),
      2(IAQ,NBUF(8)),(IAMVV,NBUF(9)),(IAMVN,NBUF(10)),
      3(IDAMV,NBUF(11)),(IAMVQ,NBUF(12)),(JQV,NBUF(13)),
      4(JQN,NBUF(14)),(JDQ,NBUF(15)),(JQQ,NBUF(16)),
      5(ISTV,NBUF(17)),(ISTN,NBUF(18)),(IDST,NBUF(19)),
      6(ISTQ,NBUF(20))

C MISSING-DATA-WORT, KANAL-NUMMER
       DATA IBL,KAN/-32767,6/
C PARAMETER FUER SEUFZER-ERKENNUNG
       DATA SEUFZ/1.5/

C  FREQUENZ
       LST1=LST-1
       IF((LST-1)*(LST-L)) 9,5,9
     9 CONTINUE
       IF(LST-IBL) 10,5,10
     5 DO 105  I=1,4
   105 NBUF(I)=IBL
     7 DO 107  I=5,16
   107 NBUF(I)=IBL
     8 DO 108  I=17,20
   108 NBUF(I)=IBL
```

```
      GOTO 49
   10 IFV=18000/(IST-IGU)
      IFN=18000/(IGO-IST)
      IF(IGU-IBL) 15,11,15
   11 IFV=3000*LST/(IAE(LST)-IAE(1))
      IFN=3000*(L-LST+1)/(IAE(L)-IAE(LST))
   15 IDF=IFN-IFV
      IFQ=IFXRF(FLOAT(IFN)/FLOAT(IFV)*100.)

C AMPLITUDE UND ATEMAKTIVITAET
      AMV=0.
      LA=MAX0(LST-7,2)
      IF(LST1-LA) 7,91,91
   91 CONTINUE
      J=0
      DO 20   I=LA,LST1
      J=J+1
      I1=IAE(I)
      I2=IAE(I-1)
   20 AMV=AMV+FLOAT(IABS(IATM(I1)-IATM(I2)))
      IAV=AMV/J
      AMV=0.
      LE=MIN0(LST+6,L-1)
      IF(LE-LST) 7,92,92
   92 CONTINUE
      J=0
      DO 25   I=LST,LE
      I1=IAE(I+1)
      I2=IAE(I)
      J=J+1
   25 AMV=AMV+FLOAT(IABS(IATM(I1)-IATM(I2)))
      IAN=AMV/J
      IDA=IAN-IAV
      IAQ=IFXRF(FLOAT(IAN)/FLOAT(IAV)*100.)
      CALL MDWR(IAV,IFV,Q)
      IAMVV=IFXRF(Q*.1)
      CALL MDWR(IFN,IAN,Q)
      IAMVN=IFXRF(Q*.1)
      IDAMV=IAMVN-IAMVV
      IAMVQ=IFXRF(FLOAT(IAMVN)/FLOAT(IAMVV)*100.)
      JQV=IFXRF(FLOAT(IFV)/FLOAT(IAV)*100.)
      JQN=IFXRF(FLOAT(IFN)/FLOAT(IAN)*100.)
      JDQ=JQN-JQV
      JQQ=IFXRF(FLOAT(JQV)/FLOAT(JQN)*100.)

C  GESTALT-KENNWERTE
      ST=0.
      LA=MAX0(LST-7,3)
      IF(LST1-LA) 8,93,93
   93 CONTINUE
      J=0
      DO 30   I=LA,LST1
      I1=IAE(I)
      I2=IAE(I-1)
```

```fortran
      I3=IAE(I-2)
      S=FLOAT(IATM(I1)-IATM(I2))*FLOAT(I2-I3)
     1/(FLOAT(IATM(I2)-IATM(I3))*FLOAT(I1-I2))
      IF(IATM(I1)-IATM(I2)) 36,30,35
   35 J=J+1
      ST=ST+S
      GOTO 30
   36 J=J+1
      ST=ST+1./S
   30 CONTINUE
      ISTV=IFXRF(-ST/J*100.)
      ST=0.
      LE=MIN0(LST+6,L-2)
      IF(LE-LST) 8,94,94
   94 CONTINUE
      J=0
      DO 40  I=LST,LE
      I1=IAE(I+2)
      I2=IAE(I+1)
      I3=IAE(I)
      S=FLOAT(IATM(I1)-IATM(I2))*FLOAT(I2-I3)
     1/(FLOAT(IATM(I2)-IATM(I3))*FLOAT(I1-I2))
      IF(IATM(I1)-IATM(I2)) 45,40,46
   45 J=J+1
      ST=ST+S
      GOTO 40
   46 J=J+1
      ST=ST+1./S
   40 CONTINUE
      ISTN=IFXRF(-ST/J*100.)
      IDST=ISTN-ISTV
      ISTQ=IFXRF(FLOAT(ISTN)/FLOAT(ISTV)*100.)
   49 CONTINUE

C  DRUCKEN..
    1 FORMAT(2(10X,'VORHER',3X,'NACHHER',5X,'DIFF.',5X,'QUOT.',7X))
    2 FORMAT(' FREQUENZ',4(I6,4X),5X,'AMV',5X,4(I6,4X))
    3 FORMAT(' AMPLIT. ',4(I6,4X),5X,'FRQ/AMPL',4(I6,4X))
    4 FORMAT(' ST.-VERH',4(I6,4X))
      WRITE(3,1)
      WRITE(3,2)(NBUF(I),I=1,4),(NBUF(I),I=9,12)
      WRITE(3,3)(NBUF(I),I=5,8),(NBUF(I),I=13,16)
      WRITE(3,4)(NBUF(I),I=17,20)

C  ABSPEICHERN AUF DISKETTE
      IF(ISTNZ) 51,52,51
   51 CONTINUE
      CALL FBWRT(20,NBUF,JUX)
      IF(JUX) 2233,52,52
 2233 WRITE(3,2234) JUX
 2234 FORMAT('0ATM',I5)
      PAUSE 8181
   52 CONTINUE
```

```
C   SEUFZER-MARKE FUER EDA-WARNUNG
      NULL(7)=0
      IF(IAV-IBL) 70,73,70
   70 I1=IAE(LST)
      I2=IAE(LST+1)
      AMV=FLOAT(IAV)/EICH(KAN)*SEUFZ
      IF(IABS(IATM(I1)-IATM(I2))-AMV)  71,72,72
   71 I2=IAE(LST-1)
      IF(IABS(IATM(I1)-IATM(I2))-AMV)  73,72,72
   72 NULL(7)=1
   73 CONTINUE

      RETURN
      END
C================================================================
```

## 9.4. Fingerpuls

Das Programm PVA2 bestimmt aus den RR-Abständen und dem Puls-Signal die Puls-Volumen-Amplitude (PVA) und die Puls-Wellen-Geschwindigkeit (PWG). Anders als im Kapitel 3 werden die Pulse hier mithilfe einer Polynomial-Regression 3. Grades (RPOL3) bestimmt, bei der ein Polynom 3. Grades durch die Methode der kleinsten Quadrate optimal in den Anstiegsbereich der Pulskurve eingepaßt wird. Dazu wird zunächst ein Gipfel im Bereich 64 bis 440 msec nach der R-Zacke gesucht (die Grenzen sind Initial-Werte und werden ergebnisbezogen gleitend verändert, vgl. Einleitung). Liegt der Gipfelpunkt auf einer der Grenzen, so erfolgt sein zweiter Versuch im Bereich 1/3RR+2/3IORT bis 2/3RR+1/3IORT, wobei IORT die Mitte des ersten Suchbereichs, und RR der aktuelle RR-Abstand ist. Die Regression erfolgt zunächst im Bereich der unteren Grenze des ersten Suchbereichs bis Gipfelpunkt + 40msec. Der Wendepunkt des Regressions-Polynoms läßt sich aus den Regressions-Koeffizienten A3 und A4 berechnen: WP$= - $A3/(3*A4). Um Fehler im unsicheren Bereich vor dem Wendepunkt zu umgehen, wird die Regression wiederholt, wobei der untere Grenzpunkt zwischen die alte untere Grenze und den ersten Wendepunkt gelegt wird. Als Artefakt-Parameter werden die Regressions-Koeffizienten A3 (kleiner 0) und A4 (größer 0), sowie die absolute Abweichung des Regressions-Polynoms von der Pulskurve (kleiner als die halbe Amplitude) abgefragt. Außerdem dürfen zwei benachbarte Pulse sich in Amplitude und Ort des Wendepunkts nur langsam ändern (Abfragen IADD, LSTEP und JSTEP). Die Pulszeit-Verspätung berechnet sich dann aus der Zeit von der R-Zacke bis zum Wendepunkt.

```
Programm PVA2:
----------------


C   AUSWERTUNG FINGERPULS (PVA UND PWG)
```

```fortran
      SUBROUTINE PVA2

      DIMENSION ISS(5),AP(4)
      COMMON KERRO(4),IREEL,IFILE,ISTNZ,NVP,KFL,MFL,EICH(8),
     1NULL(8),NBNRA,NBNRE,INIT(5),JIRRQ,SCQJ,ISTG,JSTG,
     2MBUF(500),KBUF(500),IRR(100),IPAR,INULL,NRR
      EQUIVALENCE (INIT(4),IRWU),(INIT(5),IRWO),(INIT(2),JU),
     1(INIT(3),JO),(EICH(7),ERRP)

C KANALNUMMER UND MISSING-DATA-WORT
      DATA KAN,IBL/4,-32767/
C GROESSTE ZULAESSIGE AMPLITUDENAENDERUNG UND GROESSTE ZU-
C LAESSIGE WENDEPUNKORTAENDERUNG ZUKZESSIVER PULSE
      DATA JSTEP,LSTEP/10,200/
C SCHWELLEN-WERTE FUER WENDEPUNKT
      DATA IRWH,IADD/35,20/

C INITIALISIERUNGEN
      DO 1   J=1,500
    1 KBUF(J)=0
      INJ=1
      JNIT=INIT(5)
      IF(IRWU) 702,702,701
  702 INJ=0
      IRWU=16
      IRWO=110
      JU=40
      JO=120
      ERRP=0.5
  701 CONTINUE
      IRWU=(IRWU+16)/2
      IRWO=(IRWO+110)/2
      JU=(JU+40)/2
      JO=(JO+120)/2
      ERRQ=60.
      ERR1=0.03
      IUMP=0
      LUMP=0
      JNULL=INULL
      CALL RPCHA(KAN)
      IV=IABS(JNULL)/4
      DO 10   I=NBNRA,NBNRE
      CALL RPDTS(MBUF,MINO(IV,500))
      IV=IV-500
      IF(IV) 20,20,10
   10 CONTINUE
   20 CONTINUE

C KONTROLLAUSDRUCK, WENN SCHALTER GESETZT
      CALL DATSW(10,I10)
      GOTO(4003,4007),I10
 4003 CONTINUE
      WRITE(3,815)
```

```fortran
      WRITE(3,800)
      WRITE(3,805)
 4007 CONTINUE
      SUM=0.
      PWA=0.
      L=0

C AUSWERTUNG AUF RR-ABSTAENDE ZENTRIERT
      DO 100  N=1,NRR
      DO 19   I=1,5
   19 ISS(I)=IBL
      IV=IABS(IRR(N))/4
      SUM=SUM+IV
      CALL RPDTS(MBUF,IV)
      ISS(1)=IRR(N)
      IF(IRR(N))  99,99,21
   21 CONTINUE
      RR=FLOAT(IRR(N))
      FR=.6E5/RR
      ISS(2)=IFXRF(FR*10.)

C  PVA/PWG
      IO=JO
      CALL GSKRZ(MBUF,IV,IRWU,IO,AMP,IORT,IER)
      IF(IER-3) 46,9,9

C  UEBERSTEUERUNGEN (PVA-SIGNAL IST NEGATIV GEPOLT)
    9 IF(MBUF(IORT)-505) 99,8,8
    8 KBRE=IORT-IRWU-5
      DO 7  I=1,KBRE
      IORT=IORT-1
      IF(MBUF(IORT)-505) 6,7,7
    7 CONTINUE
      GOTO 99
    6 CONTINUE

C BESTIMMUNG DES GIPFELS
      CALL GSKRZ(MBUF,IV,(IV+2*IORT)/3,(2*IV+IORT)/3,
     1FAMP,JOR,IER)
      IF(IER-3) 405,46,46
  405 IF(FAMP-AMP*0.6) 46,46,99

C BESTIMMUNG DES WENDEPUNKTES MITHILFE EINER POLYNOMIAL-
C REGRESSION 3. GRADES
   46 IO=IORT+10
      IF(IORT-JU) 99,99,49
   49 CONTINUE
      CALL RPOL3(MBUF,IRWU,IO,AP)
      IU=IFXRF(-AP(3)/(3.*AP(4))*0.5)+IRWU
      IF(IU-IRWU) 99,99,47
   47 IF(IU-IO+4) 48,48,99
   48 CONTINUE
      CALL RPOL3(MBUF,IU,IO,AP)
      ERR=0.
```

```fortran
      DO 50  I=IU,IO
      IQ=IFXRF(FPOLY(FLOAT(I-IU),AP,4))
      ERR=ERR+IABS(MBUF(I)-IQ)
   50 MBUF(I)=IQ
      ERR=ERR/(IO-IU+1)
      WEND=-AP(3)/(3.*AP(4))+FLOAT(IU)
      IWEN=IFXRF(WEND)
      AMPL=AMP
      AMP=AMP*EICH(KAN)
      ERRQ=ERRP*AMPL

C  PLAUSIBILITAET DER AMPLITUDE UND DES WENDEPUNKTES
      IF(  AP(4)   )  51,99,99
   51 IF(  -AP(3)   )  52,99,99
   52 IF(IWEN-IRWU-IADD) 99,53,53
   53 IF(IWEN-IRWO+IADD) 54,54,99
   54 CONTINUE
      JUMP=IUMP
      IUMP=AMP
      KUMP=LUMP
      LUMP=IWEN
      IF(JUMP) 301,303,301
  301 IF(IABS(IUMP-JUMP)-LSTEP) 303,303,99
  303 CONTINUE
      IF(KUMP) 704,705,704
  704 IF(IABS(LUMP-KUMP)-JSTEP) 705,705,99
  705 CONTINUE
      ISS(3)=IWEN*4
      PWG=FLOAT(IPAR)/WEND*0.25
      ISS(4)=IFXRF(PWG*100.)
      ISS(5)=IFXRF(AMP)
C   (FEHLERVARIANZ DER REGRESSION)
      IF(ERR-ERRQ) 120,42,42
  120 CONTINUE
      IRWO=IRWO+(IWEN-IRWO)/IRWH
      IRWU=IRWU+(IWEN-IRWU)/IRWH
      JO=JO+(IORT-JO)/IRWH
      JU=JU+(IORT-JU)/IRWH
      IRWO=MAX0(IRWO,(IRWO+IRWU)/2+IRWH)
      IRWU=MINO(IRWU,(IRWO+IRWU)/2-IRWH)
      JO=MAX0(JO,(JO+JU)/2+IRWH)
      JU=MINO(JU,(JO+JU)/2-IRWH)
      IF(JNIT) 721,720,721
  720 CONTINUE
      ERRP=(ERRP*14.+ERR1+ERR/AMPL)/15.
  721 CONTINUE
      IF(INJ) 703,703,90
  703 CONTINUE
      IF(N-15) 41,41,90
   41 IF(IWEN-IRWU-IRWH/2) 42,40,40
   40 IF(IWEN-IRWO+IRWH/2) 90,90,42
   42 DO  43   I=3,5
   43 ISS(I)=IBL
```

```
C KONTROLLAUSDRUCK, WENN SCHALTER GESETZT
   99 PWA=0.
   90 CONTINUE
      GOTO(4004,4008),I10
 4004 CONTINUE
      WRITE(3,810) N,(ISS(I),I=1,5)
 4008 CONTINUE
      L=L+1
      KBUF(L)=ISS(4)
      KBUF(L+100)=ISS(5)
  100 CONTINUE
      GOTO(4006,4009),I10
 4006 CONTINUE
      WRITE(3,805)
 4009 CONTINUE

C FORMATE                                                  .
  800 FORMAT('0 NR.',8X,'RR',8X,'HF',7X,'PZV',7X,'PWG',7X,'PVA')
  805 FORMAT(1X,54(1H-))
  810 FORMAT(1X,I4,5(5X,I5))
  815 FORMAT('0HERZ-KREISLAUF'/1X,14(1H=))

      RETURN
      END
C----------------------------------------------------------------

C POLYNOMIAL-REGRESSION 3. GRADES EINER KURVE AUF DIE ZEIT
C   AUFRUFLISTE..
C   MBUF      KURVE
C   IU,IO     BEREICH, IN DEM REGRESSION BERECHNET WIRD
C   AP        REGRESSIONSKOEFFIZIENTEN (AUSGABE)

      SUBROUTINE RPOL3(MBUF,IU,IO,AP)
      DIMENSION MBUF(1),AP(4)
C   BESTIMMEN DES GLEICHUNGSSYSTEMS
      D1=0.
      D2=0.
      D3=0.
      D4=0.
      D5=0.
      D6=0.
      D7=0.
      C1=0.
      C2=0.
      C3=0.
      C4=0.
      DO 10 I=IU,IO
      G1=I-IU
      D1=D1+1.
      D2=D2+G1
      G2=G1*G1
      G3=G1*G2
      G4=G2*G2
      G5=G2*G3
```

```
      G6=G3*G3
      D3=D3+G2
      D4=D4+G3
      D5=D5+G4
      D6=D6+G5
      D7=D7+G6
      C1=C1+MBUF(I)
      H1=FLOAT(MBUF(I))*G1
      H2=H1*G1
      H3=H2*G1
      C2=C2+H1
      C3=C3+H2
   10 C4=C4+H3
C LOESEN DES GLEICHUNGSYSTEMS
C 1. SCHRITT
      D2=D2/D1
      D3=D3/D1
      D4=D4/D1
      D5=D5/D1
      D6=D6/D1
      D7=D7/D1
      C1=C1/D1
      C2=C2/D1
      C3=C3/D1
      C4=C4/D1
C 2. SCHRITT
      G1=D3-D2*D2
      G2=(D4-D2*D3)/G1
      G3=(D5-D2*D4)/G1
      G4=(D5-D3*D3)/G1
      G5=(D6-D3*D4)/G1
      G6=(D7-D4*D4)/G1
      H1=(C2-D2*C1)/G1
      H2=(C3-D3*C1)/G1
      H3=(C4-D4*C1)/G1
C 3.SCHRITT
      P1=G4-G2*G2
      P2=(G5-G2*G3)/P1
      P3=(G6-G3*G3)/P1
      Q1=(H2-G2*H1)/P1
      Q2=(H3-G3*H1)/P1
C REGRESSIONSKOEFFIZIENTEN
      AP(4)=(Q2-Q1*P2)/(P3-P2*P2)
      AP(3)=Q1-P2*AP(4)
      AP(2)=H1-G2*AP(3)-G3*AP(4)
      AP(1)=C1-D2*AP(2)-D3*AP(3)-D4*AP(4)

      RETURN
      END
C----------------------------------------------------------------

C FUNKTIONSWERT EINES POLYNOMS
C  AUFRUFLISTE..
C   ARG   ARGUMENT
```

```
C   X      KOEFFIZIENTEN DES POLYNOMS
C   IDIMX DIMENSION VON X (=GRAD DES POLYNOMS +1)

      FUNCTION FVAL(ARG,X,IDIMX)
      DIMENSION X(1)
      RES=0.
      J=IDIMX
    1 IF(J)3,3,2
    2 RES=RES*ARG+X(J)
      J=J-1
      GOTO 1
    3 FVAL=RES
      RETURN
      END
C===================================================================
```

HAB09 berechnet für PVA und PWG jeweils den Mittelwert vor dem Reiz und die Differenz nach – vor Reiz der Maxima und Minima.

```
C   OUTPUT FUER PWG/PVA

      SUBROUTINE HAB09(IGU,IGO,IST,NORT)

      COMMON KERRO(4),IREEL,IFILE,ISTNZ,NVP,KFL,MFL,EICH(8),
     1NULL(8),NBNRA,NBNRE,INIT(5),IDUM(5),NBUF(500),
     2KBUF(500),IRR(100),IPAR,INULL,NRR

C IBL = MISSING-DATA-WORT
      DATA ISTRN,IBL/'*',-32767/

C   GRENZEN VOR/NACH IN RR-ABSTAENDEN
      IF(IGU-IBL) 1,2,1
    2 IGU=1
      IGO=400
    1 IGU=MAX0(IST-150,IGU)
      IGO=MINO(IST+150,IGO)
      SUM=IRR(1)
      SGR=FLOAT(IGU)*100.
      DO 5  I=2,NRR
      SUM=SUM+IRR(1)
      IF(SUM-SGR) 5,10,10
    5 CONTINUE
   10 JRRU=I-1
      I1=I+1
      SGR=FLOAT(IGO)*100.
      DO 15  I=I1,NRR
      SUM=SUM+IRR(I)
      IF(SUM-SGR) 15,20,20
   15 CONTINUE
      I=NRR
```

```
   20 JRRO=I

C  MITTELWERT UND EXTREMA VOR
      SUM=0.
      J=0
      SGR=0.
      I1=NORT-1
      MIN1=16000
      MIN2=16000
      MAX1=-16000
      MAX2=-16000
      DO 25  I=JRRU,I1
      IF(MISD(KBUF(I))+MISD(KBUF(I+100))-2) 25,30,30
   30 J=J+1
      SUM=SUM+KBUF(I)
      SGR=SGR+KBUF(I+100)
      MIN1=MINO(MIN1,KBUF(I))
      MIN2=MINO(MIN2,KBUF(I+100))
      MAX1=MAXO(MAX1,KBUF(I))
      MAX2=MAXO(MAX2,KBUF(I+100))
   25 CONTINUE
      IF(J) 99,99,26
   26 CONTINUE
      NBUF(1)=IFXRF(SUM/J)
      NBUF(5)=IFXRF(SGR/J)
      NBUF(2)=MIN1
      NBUF(3)=MAX1
      NBUF(6)=MIN2
      NBUF(7)=MAX2

C  EXTREMA NACH
      SUM=0.
      SGR=0.
      MIN1=16000
      MIN2=16000
      MAX1=-16000
      MAX2=-16000
      J=0
      DO 35  I=NORT,JRRO
      IF(MISD(KBUF(I))+MISD(KBUF(I+100))-2) 35,40,40
   40 CONTINUE
      J=J+1
      SUM=SUM+KBUF(I)
      SGR=SGR+KBUF(I+100)
      MIN1=MINO(MIN1,KBUF(I))
      MIN2=MINO(MIN2,KBUF(I+100))
      MAX1=MAXO(MAX1,KBUF(I))
      MAX2=MAXO(MAX2,KBUF(I+100))
   35 CONTINUE
      IF(J) 99,99,36
   36 CONTINUE
      NBUF(2)=NBUF(2)-MIN1
      NBUF(3)=NBUF(3)-MAX1
      NBUF(4)=NBUF(1)-IFXRF(SUM/J)
```

```
      NBUF(6)=NBUF(6)-MIN2
      NBUF(7)=NBUF(7)-MAX2
      NBUF(8)=NBUF(5)-IFXRF(SGR/J)
      GOTO 49
   99 DO 98  I=1,8
      NBUF(I)=IBL
   98 CONTINUE
   49 CONTINUE

C  DRUCKEN
   45 FORMAT('0***',16X,'PWG',40X,'PVA'/
     12(9X,'MW',4X,'DIFMIN',4X,'DIFMAX',5X,'DIFMW',2X)/
     21X,86(1H-)/1X,2(4I10,2X,A1))
      IZ=IBL
      IF(IST-IGU-150) 50,55,55
   50 IF(IGO-IST-150) 60,55,55
   55 IZ=ISTRN
   60 WRITE(3,45)(NBUF(I),I=1,4),IZ,(NBUF(I),I=5,8),IZ

C  ABSPEICHERN AUF DISKETTE..
      IF(ISTNZ) 61,62,61
   61 NBUF(9)=MISD(IZ)
      CALL FBWRT(9,NBUF,JUX)
C  FEHLER BEIM ABSPEICHERN
      IF(JUX) 2233,62,62
 2233 WRITE(3,2234) JUX
 2234 FORMAT('0PVA',I5)
      PAUSE 8181
   62 CONTINUE

      RETURN
      END
C================================================================
```

## 9.5. Reaktionen des Hautleitwerts und der Hautfeuchte

Wie bereits in Kapitel 8.3 angedeutet, können Hautleitwert und Hautfeuchte mit denselben Programmen ausgewertet werden, wobei lediglich die Suchbereiche für die Latenzzeit verschieden sind. Da hier Reaktionen im Level nicht zu erwarten sind, werden nur die jeweiligen AC-gekoppelten Kurven untersucht. Das Programm EDAH erkennt und entfernt die DC-Pulse (vgl. Kapitel 5) und verdichtet die Kurve auf 80 msec Abtastzeit.

```
Programm EDAH:
----------------

C  SAMMELN VON MAX 40 SEK. EDA(AC)-SIGNAL MIT ABTASTRATE 80 MSEC.
C  ENTFERNEN DER DC-PULSE.
```

130

```fortran
      SUBROUTINE EDAH(L,KAN,IG)

      COMMON KERRO(4),IREEL,IFILE,ISTNZ,NVP,KFL,MFL,EICH(8),
     1NULL(8),NBNRA,NBNRE,INIT(5),IDUM(5),
     2NBUF(500),KBUF(500),IRR(100),IPAR,INULL,NRR

C MISSING-DATA-WORT
      DATA IBL/-32767/
C SPRUNGHOEHE DES DC-PULSES
      DATA JG/30/

C INITIALISIERUNGEN
      WRITE(3,86)
      EIC=EICH(KAN)*100.
      KA=501
      IWA=NULL(KAN)
      L=0
      CALL RPCHA(KAN)

C AUSWERTUNG DER BLOECKE NBNRA BIS NBNRE
      DO 100   I=NBNRA,NBNRE
      KA=KA-500
      CALL RPDTS(NBUF,500)
C ENTFERNEN DER DC-PULSE UND REDUZIERUNG AUF 40 MSEC ABTASTZEIT
      DO 45   J=1,500,20
      IF(L-500) 21,50,50
   21 L=L+1
      KK=0
      KBUF(L)=0
      KE=J+19
      DO 30   K=KA,KE,3
      IF(IABS(NBUF(K)-IWA)-IG) 25,26,26
   25 KBUF(L)=KBUF(L)+NBUF(K)
      KK=KK+1
      GOTO 30
   26 K=K+6
   30 CONTINUE
      KA=K
      IWA=KBUF(L)/KK
      KBUF(L)=IFXRF((FLOAT(KBUF(L))/FLOAT(KK)-FLOAT(NULL(KAN)))
     1*EIC)
   45 CONTINUE
  100 CONTINUE

C KONTROLLAUSDRUCK, WENN SCHALTER GESETZT
   50 CALL DATSW(5,I)
      GOTO(85,90),I
   85 WRITE(3,87)(KBUF(I),I=1,L)
   86 FORMAT('0*** EDA ***')
   87 FORMAT(1X,20I6)
   90 RETURN
      END
C===============================================================
```

In IREM4 werden die Haut-Reaktionen wie in Kapitel 5.beschrieben vermessen. Lediglich bei der halben Abstiegszeit (recovery) ist eine Änderung anzumerken: steigt die Kurve vor Erreichen der halben Amplitude erneut an, so wird die halbe Abstiegszeit durch lineare Extrapolation (Tangente am Wendepunkt) errechnet und mit einem Minuszeichen markiert.

```
Programm IREM4:
----------------

C   KLASSISCHE AUSWERTUNG DER EDA.

C   SCR-SUCHE UND -VERARBEITUNG IN ANLEHNUNG AN HANDAUSWERTUNG.
C   ERKENNUNG BEI UEBERSCHREITEN EINER GRENZSTEIGUNG,
C   AUSREICHENDER AMPLITUDE UND EINBUCHTUNGSERKENNUNG.
C   FUSSPUNKT BEI P PROZENT DER MAXIMALSTEIGUNG,
C   HALBE ABSTIEGSZEIT EVTL. LINEAR EXTRAPOLIERT.

C   IEND         LAENGE DER KURVEN (IN 80 MSEC)
C   NRBL, MSR    REIZORT IN BLOECKEN UND MSEC INNERHALB DES BLOCKS
C   LATU, LATO   GRENZEN FUER LATENZEN

      SUBROUTINE IREM4(IEND,NRBL,MSR,LATU,LATO)

C DC  AC-GEKOPPELTE EDA-KURVE (80 MSEC ABTASTZEIT)
C AC  DIFFERENZIERTE DER OBIGEN KURVE
      INTEGER DC(500),AC(500),IPGR(5)

      COMMON KERRO(4),IREEL,IFILE,ISTNZ,NVP,KFL,MFL,EICH(8),
     1NULL(3),NBNRA,NBNRE,INIT(5),IDUM(5),NBUF(500),
     2KBUF(500),IRR(100),IPAR,INULL,NRR
      EQUIVALENCE (NBUF(1),AC(1)),(KBUF(1),DC(1))

C MISSING-DATA-WORT
      DATA IBL/-32767/
C SCHWELLENPARAMETER.. GRENZSTEIGUNG FUER SCR-BEGINN,
C   HALBE ABSTIEGSZEIT, SCR-AMPLITUDE, FUSSPUNKTBESTIMMUNG,
C   MEHRFACH-SCR
      DATA IG,FRITZ,IPGRH/2,10000.,20/
      DATA PROZ,HGRE/.10,1.5/

C INITIALISIERUNGEN
      LATU=LATU/80
      LATO=LATO/80
      JSTIM=IFIX((FLOAT(NRBL-NBNRA)*2000.+FLOAT(MSR))/80.)
      IE=IEND-1
      KKA=1
      KKE=101

C KONTROLLAUSDRUCK, WENN SCHALTER GESETZT
      CALL DATSW(6,I)
      GOTO(450,451),I
  450 WRITE(3,10)
   10 FORMAT(8X,'ORT',5X,'HOEHE',3X,'AUFST.Z',6X,'STGG',7X,'HAZ'/
```

```fortran
     11X,52(1H-))
 451 CONTINUE

C  ANFANG ERST BEIM 1. MINIMUM..
     DO 200   I=1,IEND
     IA=I
     IF(AC(I)-IG) 301,200,200
 200 CONTINUE
     GOTO 2000

 301 CONTINUE
C  BEGINN EINER SCR..
 201 I=IA
     IF(I-IEND)30,30,2000
  30 IA=IA+1
     IF(AC(I)-IG) 201,102,102
 102 I0=I

C  MAXIMALE STEIGUNG..
     DO 103   J=I0,IE
     I1=J
     IF(AC(J+1)-AC(J))104,103,103
 103 CONTINUE
     GOTO 2000

C  FUSSPUNKT-BESTIMMUNG..
 104 M2=AC(I1)*PROZ
     I2=I1
     DO105 J=I0,I1
     I2=I2-1
     IF(AC(I2)-M2) 106,106,105
 105 CONTINUE
 106 N2=DC(I2)

C   ORT UND AMPLITUDE..
     DO 107   J=I1,IE
     I3=J
     IF(AC(J))109,108,108
 108 CONTINUE
     IF(AC(J+1)-AC(J)-IG) 107,107,1099
C ERKENNUNG VON MEHRFACH-SCR..
C ABSTAND VON G..P1-P3 MIT HESSE-FORM
1099 S13=(DC(I3)-DC(I1))/(I3-I1)
     HK=1.0/SQRT(1.0+S13*S13)
     PHES=S13*I3-DC(I3)
     DO 1100   JJJ=I1,I3
     HESSE=ABS(FLOAT(DC(JJJ))-S13*FLOAT(JJJ)+PHES)*HK
     IF(HESSE-HGRE) 1100,1100,109
1100 CONTINUE
 107 CONTINUE
     GOTO 2000
 109 IA=I3
     J1I=I3
     DO 505   J=I1,I3
```

```
      J1I=J1I-1
      IF(AC(J1I)) 505,505,510
  505 CONTINUE
  510 I3=(I3+J1I)/2
      N3=DC(I3)

C MINDESTAMPLITUDE
      IF(N3-N2-IPGRH) 201,127,127
  127 CONTINUE
C KENNWERTE..
C  IPGR(1...5)  =  ORT(1/100 SEK.ZUM STIM.), HOEHE(1/100 MY-SIE),
C                  AZ(1/100 SEC), STGG(1/100 MY-SIE/SEC)
C                  HAZ(1/100 SEC, - = EXTRAPOL.)
      IPGR(1)=(I3-JSTIM)*8
      IPGR(2)=N3-N2
      IPGR(3)=(I3-I2)*8
      IPGR(4)=IFXRF(AC(I1)*6.25)
      I3=I3+1

C  ABSTIEGSZEIT..
C     MAO = -1(KEINE AZ)   0(ECHTE AZ)    +1(EXTRAPOL.AZ)
C     NBUF= BLANK          POS.           NEG.
C           NRABO          NR-NRAB-NRABO NRAB
      N5=(N2+N3)/2
      IF(AC(I3))110,111,111
  110 DO 112  J=I3,IE
      I4=J
      IF(AC(J))50,50,51
   51 I4=J-1
      GOTO 114
   50 CONTINUE
      IF(AC(J+1)-AC(J)-1)113,113,114
  113 CONTINUE
      IF(DC(J)-N5)115,115,112
  112 CONTINUE
  111 MAO=-1
      IPGR(5)=IBL
      GOTO 125
  115 MAO=0
      IPGR(5)=(I4-I3)*8
      IF(IPGR(5)) 111,111,2
    2 CONTINUE
      IF(IPGR(5)-FRITZ) 125,125,111
C   (EXTRAPOLATION)
  114 MAO=1
      ST=0.5*FLOAT(AC(I4))
      N4=DC(I4)
      I5=(N5-N4+I4*ST)/ST
      IPGR(5)=(I3-I5)*8
      IF(IPGR(5)) 120,111,111
  120 CONTINUE
      IF(-IPGR(5)-FRITZ) 125,125,111
  125 CONTINUE
```

```
C KONTROLL-AUSDRUCK, WENN SCHALTER GESETZT
      CALL DATSW(6,JGO)
      GOTO(401,402),JGO
  401 WRITE(3,400) IPGR
  400 FORMAT(1X,10I10)
  402 CONTINUE

C LATENZ BESTIMMEN
      LAT=2*I1-I3-JSTIM
      IF(LAT-LATU) 201,404,403
  403 IF(LAT-LATO) 404,404,2000

C OUTPUT IN FELD IRR LADEN..
  404 IF(KKA-81) 405,405,2000
  405 DO 406  J=1,5
      KKA=KKA+1
  406 IRR(KKA)=IPGR(J)
      KKE=KKE-1
      IRR(KKE)=LAT*8
      GOTO 201

 2000 CONTINUE
      IRR(1)=KKA/5

      RETURN
      END
C==========================================================
```

Folgende **Hautreaktions-Kennwerte** werden in HAB10 berechnet:
- Standardabweichung der AC-Kurve vor dem Reiz, nach dem Reiz, Differenz und
  Quotient vor/nach Reiz.
- Latenzzeit vom Reiz bis zum geschätzten Fußpunkt der ersten Reaktion, der symmetrisch zum Gipfelpunkt bezogen auf den Ort steilster Steigung liegt.
- Für die ersten beiden Reaktionen nach dem Reiz die Kennwerte Ort, Amplitude,
  Aufstiegszeit, maximale Steigung und halbe Abstiegszeit.


**Programm HAB10:**
-----------------

```
C   OUTPUT-ROUTINE FUER EDA

      SUBROUTINE HAB10(L,NRBL,MSR)

      COMMON KERRO(4),IREEL,IFILE,ISTNZ,NVP,KFL,MFL,EICH(8),
     1NULL(8),NBNRA,NBNRE,INIT(5),IDUM(5),
     2NBUF(500),KBUF(500),IRR(100),IPAR,INULL,NRR
      EQUIVALENCE (ISTDV,NBUF(1)),(ISTDN,NBUF(2)),(ISTDD,
     1NBUF(3)),(ISTDQ,NBUF(4)),(LAT,NBUF(5)),(ISEUF,NBUF(6))

C MISSING-DATA-WORT
      DATA IBL/-32767/
C CHARACTER FUER AUSGABE
```

```
      DATA W1,W2,BL/'*SEU','FZER','

      JSTIM=IFIX((FLOAT(NRBL-NBNRA)*2000.+FLOAT(MSR))/80.)
      ISEUF=NULL(7)

C   STANDARD-AUSWERTUNG
      ISTDV=IBL
      ISTDN=IBL
      ISTDD=IBL
      ISTDQ=IBL
      LAT=IBL
      JU=MAX0(1,JSTIM-124)
      X=0.
      S=0.
      N=JSTIM-JU+1
      IF(L) 25,25,8
    8 CONTINUE
      IF(N-1) 25,25,9
    9 CONTINUE
      DO 10  J=JU,JSTIM
      X=X+KBUF(J)
      CALL MDWR(KBUF(J),KBUF(J),Q)
      S=S+Q
   10 CONTINUE
      ISTDV=IFXRF(SQRT((S-X*X/N)/(N-1)))
      JU=MINO(JSTIM+12,L)
      JO=MINO(JSTIM+137,L)
      N=JO-JU+1
      IF(N-1) 25,25,14
   14 CONTINUE
      X=0.
      S=0.
      DO 15  J=JU,JO
      X=X+KBUF(J)
      CALL MDWR(KBUF(J),KBUF(J),Q)
      S=S+Q
   15 CONTINUE
      ISTDN=IFXRF(SQRT((S-X*X/N)/(N-1)))
      ISTDD=ISTDN-ISTDV
      ISTDQ=IFXRF(FLOAT(ISTDN)/FLOAT(ISTDV)*100.)
      IF(IRR(1)) 25,25,20
   20 LAT=IRR(100)
   25 CONTINUE
      WRITE(3,30) ISTDV,ISTDN,ISTDD,ISTDQ,LAT
   30 FORMAT(7X,'STANDARDDEVIATIONS (1/100MY-SIE)',8X,
     1'LAT.(1/100S)'/8X,'VOR',6X,'NACH',5X,
     2'DIFF.',5X,'QUOT.'/1X,5I10)

C   KLASSISCHE AUSWERTUNG
      IF(L) 35,35,34
   34 CONTINUE
      IF(IRR(1)) 35,35,40
   35 DO 36  I=2,6
   36 IRR(I)=IBL
```

```fortran
      IRR(1)=0
      KKA=1
      GOTO 100
   40 WRITE(3,41)
   41 FORMAT(1X,60(1H-)/
     1' SCR',4X,'ORT',5X,'HOEHE',3X,'AUFST.Z',6X,'STGG',
     27X,'HAZ')
   42 FORMAT(1X,5I10,2X,2A4)
C  SEUFZER-WARNUNG
      S1=BL
      S2=BL
      IF(NULL(7)) 50,51,50
   50 S1=W1
      S2=W2
   51 CONTINUE
      KKA=IRR(1)
      JU=2
      JO=6
      DO 45  J=1,KKA
      WRITE(3,42)(IRR(I),I=JU,JO)
     1,S1,S2
      S1=BL
      S2=BL
      JU=JU+5
   45 JO=JO+5
  100 CONTINUE

C  ABSPEICHERUNG AUF DISKETTE
      IF(ISTNZ) 101,102,101
  101 CONTINUE
      CALL FBWRT(6,NBUF,JUX)
C  FEHLER BEIM ABSPEICHERN
      IF(JUX) 2233,2244,2244
 2244 CONTINUE
      IF(KKA-1) 104,104,103
  104 DO 105  I=7,11
  105 IRR(I)=IBL
  103 CONTINUE
      CALL FBWRT(10,IRR(2),JUX)
      IF(JUX) 2233,102,102
 2233 WRITE(3,2234) JUX
 2234 FORMAT('0EDA',I5)
      PAUSE 8181
  102 CONTINUE

      L=IABS(L)

      RETURN
      END
C==============================================================
```

## 9.6. Temperatur und Myogramm

EMG-Werte werden in unserer Gruppe hardwaremäßig aufintegriert und als Oktal-
zahlen sekundenweise auf Band abgelegt, von wo sie durch das Assembler-Programm
RPSEL auf Platte zur Verfügung gestellt werden. Die Sekunden-Werte von Arm- und
Stirn-EMG werden zu einem gewichteten Summen-Wert zusammengefaßt (vgl. Fahrenberg et al., 1979). Die Finger-Temperatur muß als langsames Signal lediglich abgetastet werden, wobei innerhalb einer Sekunde (250 Datenpunkte) jeweils die ersten
und letzten 50 Datenpunkte die obere und untere Eich-Temperatur enthalten. Die aktuelle Temperatur kann hiermit geeicht werden (in Grad Celsius über 30 Grad).

```
Programm TEMGH:
----------------

C   TEMPERATUR UND MYOGRAMM
C   (L=ANZAHL SEKUNDENWERTE VON TEMPERATUR UND EMG)

      SUBROUTINE TEMGH(L)

      INTEGER TEMP(40),EMG(40)

      COMMON KERRO(4),IREEL,IFILE,ISTNZ,NVP,KFL,MFL,EICH(8),
     1NULL(8),NBNRA,NBNRE,INIT(5),IDUM(5),
     2NBUF(500),KBUF(500),IRR(100),IPAR,INULL,NRR
      EQUIVALENCE (KBUF(1),TEMP(1)),(KBUF(251),EMG(1))

C KANALNUMMERN
      DATA KAN1,KAN2/7,8/
      MFL=1
      CALL RPCHA(KAN1)
      L=0

      DO 100   I=NBNRA,NBNRE
      L=L+2
C   TEMPERATUR
      CALL RPDTS(NBUF,500)
      IZ=ISUMS(NBUF(20),25,1)
      B=200./FLOAT(ISUMS(NBUF(220),25,1)-IZ)
      A=200.-B*IZ
      TEMP(L-1)=IFXRF(A+B*ISUMS(NBUF(170),25,1))   +30
      IZ=ISUMS(NBUF(270),25,1)
      B=200./FLOAT(ISUMS(NBUF(470),25,1)-IZ)
      A=200.-B*IZ
      TEMP(L  )=IFXRF(A+B*ISUMS(NBUF(420),25,1))   +30
C   MYOGRAMM
   15 READ(1'MFL)(NBUF(J),J=1,64)
      EMG(L-1)=IFXRF((.214*NBUF(61)+.786*NBUF(62))*EICH(KAN2))
      EMG(L)=IFXRF((.214*NBUF(63)+.786*NBUF(64))*EICH(KAN2))
  100 CONTINUE
```

```fortran
C KONTROLLAUSDRUCK, WENN SCHALTER GESETZT
      CALL DATSW(7,I)
      GOTO (30,35),I
   30 WRITE(3,31)
      WRITE(3,33)(TEMP(I),I=1,L)
      WRITE(3,32)
      WRITE(3,33)(EMG(I),I=1,L)
   31 FORMAT(' TEMP.')
   32 FORMAT(' EMG')
   33 FORMAT(1X,20I6)
   35 CONTINUE

      RETURN
      END
C=================================================================
```

HAB11 bildet die **Kennwerte** von EMG und Finger-Temperatur: Für die Temperatur
den Mittelwert vor dem Reiz, die maximale Temperatur und ihren Ort nach dem Reiz
und den Anstieg bezogen auf den Mittelwert vor dem Reiz. Für das EMG die Mittelwerte vor und nach dem Reiz, die Standardabweichung nach dem Reiz, sowie die Maxima innerhalb 5 Sekunden bzw. 2 Sekunden nach dem Reiz.


```fortran
Programm HAB11:
----------------


C  TEMPERATUR UND MYOGRAMM
C  (KENNWERTE BILDEN UND AUSGABE)

      SUBROUTINE HAB11(L,NRBL,MSR)
C L       ANZAHL SEKUNDENWERTE IN TEMP UND EMG
C NRBL, MSR REIZORT (BLOCK, MSEC INNERHALB BLOCK)

      INTEGER TEMP(40),EMG(40)
      COMMON KERRO(4),IREEL,IFILE,ISTNZ,NVP,KFL,MFL,EICH(8),
     1NULL(8),NBNRA,NBNRE,INIT(5),IDUM(5),NBUF(500),
     2KBUF(500),IRR(100),IPAR,INULL,NRR
      EQUIVALENCE (KBUF(1),TEMP(1)),(KBUF(251),EMG(1))
      EQUIVALENCE (MW,NBUF(1)),(MIN,NBUF(2)),(IMIN,NBUF(3)),
     1(ID,NBUF(4)),(MWVOR,NBUF(5)),(MWE,NBUF(6)),
     2(ISTD,NBUF(7)),(MAX5,NBUF(8)),(MAX2,NBUF(9))

C MISSING-DATA-WORT
      DATA IBL/-32767/
C REIZORT IN SEKUNDEN
      IST=(NRBL-NBNRA)*2+MSR/1000
    1 FORMAT('0***',8X,'TEMPERATUR(1/10GRD)',19X,'MYOGRAMM(1/100MYV*S)'/
     15X,'MW VOR',7X,'MIN',7X,'ORT',6X,'DIFF',5X,'MWVOR',8X,'MW',7X,'STD
     2',2X,'MAX 5SEC',2X,'MAX 2SEC'/1X,90(1H-)/1X,9I10)

C  TEMPERATUR
      IE=MAX0(IST-5,1)
```

```fortran
      MIN=MAXO(1,IST-IE)
      MW=ISUMS(TEMP(IE),MIN,1)/MIN
      MIN=16000
      IMIN=IST
      IE=MINO(IST+21,L)
      DO 10  I=IST,IE
      IF(TEMP(I)-MIN) 15,10,10
   15 IMIN=I
      MIN=TEMP(I)
   10 CONTINUE
      ID=MW-MIN
      IMIN=IMIN-IST
      IF(IMIN) 11,11,12
   11 IMIN=IBL
   12 CONTINUE

C   MYOGRAMM
      IA=MAXO(IST-10,1)
      IE=MAXO(IST-IA+1,2)
      Q=(FLOAT(ISUMS(EMG(IA),IE,2))
     1   +FLOAT(ISUMS(EMG(IA+1),IE,2)))/IE
      MWVOR=IFXRF(Q)
      IE=MINO(IST+5,L)
      Q=FLOAT(ISUMS(EMG(IST),IE-IST+1,1))/FLOAT(IE-IST+1)
      STD=0.
      MAX5=0
      DO 20  I=IST,IE
      STD=STD+(FLOAT(EMG(I))-Q)**2
   20 MAX5=MAXO(MAX5,EMG(I))
      MWE=IFXRF(Q)
      ISTD=IFXRF(SQRT(STD/FLOAT(IE-IST)))
      IE=MINO(IST+2,L)
      MAX2=0
      DO 25  I=IST,IE
   25 MAX2=MAXO(MAX2,EMG(I))

C DRUCKEN..
      WRITE(3,1)(NBUF(I),I=1,9)

C SPEICHERUNG AUF DISKETTE..
      IF(ISTNZ) 31,32,31
   31 CONTINUE
      CALL FBWRT(9,NBUF,JUX)
      IF(JUX) 2233,32,32
 2233 WRITE(3,2234) JUX
 2234 FORMAT('0TMG',I5)
      PAUSE 8181
   32 CONTINUE

      RETURN
      END
C================================================================
```

# Literaturverzeichnis


Birbaumer N (1975) Psychologische Physiologie. Springer, Berlin Heidelberg New York

Brodner G (1983) Beiträge zur Prognose des Rehabilitationserfolgs bei jugendlichen Herzinfarktpatienten. Minerva, München

Fahrenberg J, Walschburger P, Foerster F, Myrtek M, Müller W (1979) Psychophysiologische Aktivierungsforschung. Ein Beitrag zu den Grundlagen der multivariaten Emotions- und Streß-Theorie. Minerva, München

Foerster F, Krasselt P, Müller W, Walschburger P (1975) Eine Gegenüberstellung verschiedener automatischer Analyseverfahren des menschlichen EEG. In: Matejcek M, Schenk G K (Hsg) Quantitative Analysis of the EEG. Kongreßbericht des zweiten Symposions der Study Group for EEG Methodology, Jogny sur Veyvey, Mai 1975, 81–94

Foerster F (1978) Zur psychophysiologischen Methodik: Phasische Herzfrequenzreaktionen unter Berücksichtigung der respiratorischen Arrhythmie. Zeitschrift für Psychologie, 186, 4, 518–528

Foerster F (1978) Zur automatischen Auswertung des Impedanzkardiogramms. In: Lang E, Kessel R, Weikl A (Hsg) Impedanzkardiographie. Grundlagen, Anwendungen und Grenzen der Methode. Referate des Symposions Impedanzkardiographie in Erlangen 24. und 25. Juni 1977, 60–63

Höppner V, Müller W, Schneider H J, Foerster F, Fahrenberg J (1983) Signaltechnische Probleme der Feldregistrierung. Technischer Arbeitsbericht zum Projekt „Multivariate Aktivierungsforschung im Labor-Feld-Vergleich" (DFG-Az Fa 54/7), Forschungsgruppe Psychophysiologie, Freiburg

Johnson L C, Townsend R E, Wilson M R (1975) Habituation during sleeping and waking. Psychophysiology, 12, 574–584

Lang P J, Hnatiow M (1962) Stimulus repetition and the heart rate response. Journal of Comparative and Physiological Psychology, 55, 5, 781–785

Langdon B, Sande G (1965) FFT-Subroutine FRXFM. Princetown University

# Medizinische Informatik und Statistik

Herausgeber: S. Koller; P. L. Reichertz; K. Überla

Band 54
W. Grote

**Ein Informationssystem für die Geburtshilfe**

1984. Etwa 245 Seiten. Broschiert DM 39,50
ISBN 3-540-13381-X

Band 53
W. Köpcke

**Zwischenauswertungen und vorzeitiger Abbruch von Therapiestudien**

Gemischte Strategien bei gruppensequentiellen Methoden
und Verfahrensvergleiche bei Lebensdauerverteilungen

1984. V, 197 Seiten. Broschiert DM 39,50
ISBN 3-540-13373-9

Band 52

**Erwin-Riesch Arbeitstagung Systemanalyse biologischer Prozesse**

1. Ebernburger Gespräch
Bad Münster am Stein-Ebernburg, 5.–7. April 1984
Herausgeber: D. P. F. Möller

1984. IX, 226 Seiten. Broschiert DM 39,50
ISBN 3-540-13371-2

Band 51
L. Gutjahr, G. Ferber
Mit einem Vorwort von H. Künkel

**Neurographische Normalwerte**

Methodik, Ergebnisse und Folgerungen

1984. XI, 322 Seiten. Broschiert DM 52,-
ISBN 3-540-13334-8

Band 49
D. Hölzel, G. Schubert-Fritschle, C. Thieme

**Klinikübergreifende Tumorverlaufsdokumentation**

Zwischenbericht aus der Anlaufphase des Tumorregisters
München

1984. XI, 269 Seiten. Broschiert DM 46,-
ISBN 3-540-12900-6

Band 48
H.-E. Wichmann

**Regulationsmodelle und ihre Anwendung auf die Blutbildung**

1984. XVIII, 303 Seiten. Broschiert DM 52,-
ISBN 3-540-12892-1

Band 47
H.-J. Seelos

**Computerunterstützte Screeninganamnese**

1983. IX, 221 Seiten. Broschiert DM 39,50
ISBN 3-540-12870-0

Band 46
K. Heidenberger

**Strategische Analyse der sekundären Hypertonieprävention**

Entwurf mathematisch-medizinökonomischer Modelle auf
empirischer Basis

1983. VII, 274 Seiten. Broschiert DM 46,-
ISBN 3-540-12714-3

Band 45
W. Lordieck; P. L. Reichertz

**Die EDV in den Krankenhäusern der Bundesrepublik Deutschland**

Das Ergebnis einer Umfrage

1983. XV, 190 Seiten. Broschiert DM 39,50
ISBN 3-540-12704-6

Band 44
B. Camphausen

**Auswirkungen demographischer Prozesse auf die Berufe und die Kosten im Gesundheitswesen**

Stand, Struktur und Entwicklung
bis zum Jahre 2030

1983. XIV, 292 Seiten. Broschiert DM 52,-
ISBN 3-540-12694-5

Band 43
W. Rehpenning

**Multivariate Datenbeurteilung**

Statistische Untersuchungen über
krankheitsbedingte Lage- und Strukturveränderungen
klinisch-chemischer Kenngrößen

1983. IX, 89 Seiten. Broschiert DM 29,50
ISBN 3-540-12680-5

Preisänderungen vorbehalten

# Springer-Verlag Berlin Heidelberg New York Tokyo

# Lecture Notes in Medical Informatics

## Editors: D.A.B.Lindberg; P.L.Reichertz



Prices are subject to change without notice

Springer-Verlag
Berlin
Heidelberg
New York
Tokyo